数智化背景下
高职计算机类专业教学改革与研究

彭顺生　著

延吉・延边大学出版社

图书在版编目（CIP）数据

数智化背景下高职计算机类专业教学改革与研究 / 彭顺生著. -- 延吉 : 延边大学出版社, 2024. 10.

ISBN 978-7-230-07338-7

I. TP3

中国国家版本馆CIP数据核字第2024LD6298号

数智化背景下高职计算机类专业教学改革与研究

著　　者：彭顺生
责任编辑：翟秀薇
封面设计：文合文化
出版发行：延边大学出版社
社　　址：吉林省延吉市公园路 977 号　　邮　　编：133002
网　　址：http：//www. ydcbs. com　　E-mail：ydcbs@ydcbs. com
电　　话：0433-2732435　　传　　真：0433-2732434
印　　刷：廊坊市广阳区九洲印刷厂
开　　本：710 毫米 ×1000 毫米　1/16
印　　张：10.5
字　　数：200 千字
版　　次：2024 年 10 月第 1 版
印　　次：2024 年 10 月第 1 次印刷
书　　号：ISBN 978-7-230-07338-7

定　　价：78.00 元

前　言

随着信息技术的飞速发展，人类社会正逐步迈入数智化时代。在这一时代背景下，大数据、云计算、人工智能等前沿技术不断涌现，不仅深刻改变了人们的生活方式，也对各行各业产生了深远的影响，其中对教育行业的影响尤为显著。高职院校作为培养高素质技能型人才的重要基地，其计算机类专业的教学改革与创新显得尤为迫切与重要。

数智化时代下，数据成为新的生产要素，信息的处理与分析能力成为衡量一个国家或地区竞争力的关键指标。在这一背景下，计算机类专业作为信息技术的核心领域，其重要性不言而喻。然而，传统的高职计算机类专业教学模式往往侧重于理论知识的传授与基本技能的训练，难以满足当前社会对复合型、创新型人才的需求。因此，如何适应数智化时代的发展要求，深化计算机类专业教学改革，成为摆在高职院校面前的一项重要课题。

首先，从社会需求层面来看，随着大数据、人工智能等技术的广泛应用，市场对具备数据分析、机器学习、智能系统开发等能力的计算机专业人才需求激增。高职院校作为技能型人才培养的主阵地，必须紧跟时代步伐，调整专业设置与课程体系，以满足市场需求。其次，从学生发展的角度来看，数智化时代要求学生不仅要掌握扎实的专业知识，还要具备良好的创新思维、实践能力和团队协作能力。传统的灌输式教学模式已难以激发学生的学习兴趣和潜能，迫切需要通过教学改革，引入项目驱动、案例分析、翻转课堂等新型教学方法，促进学生全面发展。最后，从教育资源整合与优化角度考虑，数智化技术为教育资源的高效配置与共享提供了可能。高职院校应充分利用现代信息技术手段，构建线上线下相结合的混合式教学模式，打破时空限制，拓宽学生的学习渠道，提高教学效率和效果。

本书旨在探讨数智化背景下高职计算机类专业的教学改革与研究，以期为提升教学质量、培养符合时代需求的计算机专业人才提供理论支撑与实践指导。

目　录

第一章　数智化时代的教学新挑战

第一节　数智化时代的特征及其影响

一、数智化时代的定义与核心特征

随着信息技术的飞速发展，人类社会正逐步迈入一个全新的时代——数智化时代。这一时代不仅深刻改变了人们的生活方式、工作模式，还重塑了经济格局和社会结构，成为推动全球发展的重要力量。

（一）数智化时代的定义

数智化时代，简而言之，是数字化、信息化与智能化深度融合的产物，是信息技术发展到高级阶段的必然结果。它不仅仅是指数据的海量积累、高速处理与广泛应用，更强调通过人工智能、大数据、云计算、物联网、区块链等前沿技术的综合应用，实现数据驱动的智能决策、自动化生产、个性化服务、精准化管理等目标，从而全面提升社会运行效率与创新能力。

（二）核心特征

在数智化时代，数据被视为新的石油，是推动社会经济发展的关键要素。数据的采集、存储、分析、挖掘和应用能力成为衡量一个国家、一个行业乃至一个企业竞争力的重要指标。企业通过收集用户行为数据、市场趋势数据等，能够更精准地把握市场需求，优化产品设计和服务流程；政府则利用大数据进行政策制定、社会治理，提高决策的科学性和有效性。

智能化是数智化时代最显著的特征之一。人工智能系统能够处理和分析大量数据，通过自主学习和优化算法，完成各种复杂的任务，如语音识别、图像识别、自然语言处理、智能推荐、智能客服等。人工智能的核心在于其能够模拟人类的思考过程，甚至在某些领域超越人类的智能表现。人工智能技术被广泛应用于智能制造、智慧城市、智慧医疗、智慧金融等多个领域，极大地提高了生产效率和服务质量，降低了运营成本。

云计算为数智化时代提供了强大的计算能力和数据存储能力，使得企业能够灵活高效地处理海量数据，快速响应市场变化。而边缘计算则通过在网络边缘部署计算资源和服务，降低了数据传输延迟，提高了数据处理效率，特别适用于对实时性要求高的场景，如自动驾驶、远程手术等。云计算与边缘计算的协同发展，共同支撑起数智化时代的数据处理与服务需求。

物联网技术将各种物理设备、传感器、智能终端等连接起来，形成一个庞大的网络体系，实现了物与物、物与人之间的互联互通。在数智化时代，物联网技术的应用范围不断拓宽，从智能家居、智慧城市到工业互联网，无所不在。通过物联网技术，可以实现对设备的远程监控、智能调度、故障预警等功能，极大地提高了生产效率和资源利用率。

区块链技术以其去中心化、不可篡改、透明可追溯等特性，在数智化时代中扮演着重要角色。它不仅能够为数字资产提供安全可靠的存储和交易环境，还能够构建信任机制，降低交易成本，提高交易效率。在金融、供应链管理、版权保护等领域，区块链技术的应用前景广阔，有望推动这些领域实现更深层次的变革。

在数智化时代，随着数据分析和智能算法的不断发展，企业能够更深入地了解消费者的需求和偏好，从而提供更加个性化、定制化的产品和服务。这种服务模式不仅提高了消费者的满意度和忠诚度，还为企业带来了更高的附加值和竞争力。

数智化时代是一个充满创新与变革的时代。技术的快速发展和跨界融合为各行各业带来了前所未有的机遇和挑战。企业需要通过不断创新来适应市场的快速变化，同时需要加强与不同领域的合作与融合，共同探索新的商业模式和市场空间。

二、数智化技术对经济社会的影响

随着科技的飞速发展，数智化技术（即数字化与智能化的有机融合）正以前所未有的速度渗透并重塑着经济社会的方方面面。从生产方式的变革到产业结构的调整，从社会治理的数字化转型到国际竞争格局的演变，数智化技术都展现出了其强大的影响力和推动力。

（一）经济增长的新动力

数智化技术已成为推动全球经济增长的重要引擎。数字化程度的提高与人均国内生产总值（人均 GDP）的增长之间存在显著的正相关关系，每当数字化水平提升，人均 GDP 也会相应增长。数字经济作为新兴的经济形态，通过技术创新和模式创新，不断催生新的经济增长点。例如，电子商务、云计算、大数据、人工智能等产业的快速发展，不仅为经济增长注入了新的活力，还促进了传统产业的转型升级，提高了整体经济的效率和竞争力。

此外，数智化技术还促进了全球价值链的优化和升级。在数字经济时代，全球价值链的运作更加高效，成本更低，促进了国际贸易的发展。企业可以通过数字化手段实现供应链的透明化和协同化，提高供应链的响应速度和灵活性，从而在全球市场中获得更大的竞争优势。

（二）生产方式的深刻变革

数智化技术的广泛应用正在深刻改变着社会生产力与生产关系。以移动互联网、云计算、大数据、人工智能等为代表的数字技术的创新与应用，不仅提高了生产效率和产品质量，还推动了生产方式的智能化、网络化、服务化转型。在生产过程中，智能化设备和系统的应用使得生产流程更加自动化、精准化。通过数据分析和算法优化，企业可以实时监控生产过程中的各项参数，及时调整生产策略，确保生产过程的稳定性和高效性。智能化设备还可以实现远程监控和故障诊断，减少了人工干预和停机时间，提高了生产效率和设备利用率。

此外，数智化技术还推动了生产方式的网络化和服务化转型。企业可以通过互联网和物联网技术实现生产过程的远程控制和协同作业，打破地域和时间的限制，提高了灵活性；还可以将生产过程中的数据和知识转化为服务产品，为客户提供更加个性化、定制化的服务体验。

（三）产业结构的优化升级

数智化技术对产业结构的优化升级起到了重要作用。一方面，数字经济等新兴产业的快速发展为经济增长提供了新的动力源泉；另一方面，传统产业通过数字化转型也实现了转型升级和提质增效。数字经济等新兴产业的发展不仅带动了相关产业链上下游的协同发展，还促进了新兴业态和新模式的不断涌现。例如，电子商务、共享经济、在线教育等新兴业态的快速发展，不仅为消费者提供了更加便捷、高效的服务体验，还为企业创造了新的增长点和商业模式。

传统产业通过数字化转型也实现了转型升级和提质增效。企业可以利用数字化手段对生产、运营、管理等各个环节进行优化和重构，提高生产效率和产品质量，降低成本和能耗。此外，传统产业还可以通过数字化手段实现跨界融合和创新发展，拓展新的市场空间和增长点。

（四）社会治理的数字化转型

数智化技术还深刻推动了社会治理的数字化转型。数字技术的应用不仅改变了人与人之间的连接与互动交流的方式，还带来了根本性的社会变迁。在社会治理方面，数智化技术为政府提供了更加精准、高效的管理手段。通过大数据分析和人工智能技术，政府可以实现对社会运行状态的实时监测和预警分析，及时发现和处置各类风险隐患。政府还可以通过数字化手段加强与公众的互动和沟通，提高政府决策的透明度和民主化程度。

此外，数智化技术推动了公共服务的智能化和便捷化。例如，智慧医疗、智慧教育、智慧交通等领域的快速发展，不仅提高了公共服务的效率和质量，还为人们的生活带来了更多的便利。

（五）国际竞争格局的演变

数智化技术的快速发展深刻改变了国际竞争格局。数字技术成为国家竞争的重要领域和制高点之一。中美两国在计算机领域的专利申请量显示了两国数字技术竞争态势的激烈程度。这种竞争不仅推动了全球数字化转型格局的演变，还促进了全球数字经济的繁荣发展。各国纷纷加大对数字技术的研发投入和创新力度，以抢占数字经济的高地。各国还加强数字经济领域的合作与交流，共同推动全球数字经济的健康发展。这种竞争与合作并存的态势不仅促进了全球数字技术的快速发展和应用普及，还为全球经济的增长注入了新的动力源泉。

（六）人民生活水平的提高

数智化技术的广泛应用显著提高了人民的生活水平。随着企业拥抱数字化程度的提高和数字化转型的深入推进，人们的生产生活方式发生了深刻变化。在线购物、网上支付、移动支付等数字技术的发展使得人们的日常生活更加便捷和高效；在线教育、远程办公等新型业态的兴起也为人们提供了更加灵活多样的学习和工作方式；智慧医疗、智慧养老等领域的快速发展则为人们的健康养老提供了更加全面和贴心的服务保障。

此外，数智化技术还促进了就业结构的优化和就业质量的提升。一方面，数字经济的发展为就业市场提供了新的增长点和就业机会；另一方面，数字化手段的应用也提高了劳动者的技能水平和职业素养，促进了人力资源的优化配置和高效利用。这些变化都为提高人民的生活水平和幸福感奠定了坚实的基础。

三、数智化时代对教育行业的影响

随着科技的飞速发展，数智化时代已经悄然来临，这一时代以数字化、智能化为核心，对教育行业产生了深远的影响。从教学方式的变革到教育资源的优化，从教育评价的转型到教育公平的推进，数智化技术正在重塑教育行业的面貌。

（一）教育方式的深刻变革

在传统的教育模式中，学生主要通过课堂听讲、课后复习和完成作业来获取知识。然而，在数智化时代，这种单一的教学模式已经无法满足学生的需求。数智化技术为教育行业带来了多样化的教学方式，如在线教学、混合式教学、虚拟课堂等，使得学习不再受时间和空间的限制。

在线教学平台如雨后春笋般涌现，学生可以通过互联网随时随地访问优质的教育资源。这种灵活的学习方式不仅提高了学生的学习效率，还激发了他们的学习兴趣和自主学习能力。同时，虚拟课堂和混合式教学模式的出现，更是将传统课堂与数字技术相结合，实现了教学过程的互动性和个性化。

（二）教育资源的优化与共享

数智化时代为教育行业带来了海量的教育资源，这些资源不仅丰富多样，而且易于获取和共享。通过数字化手段，教育机构可以将优质的教育资源上传到云端，供全球范围内的学生免费或低成本使用。这种资源的共享不仅促进了教育公平，也提高了教育资源的利用效率。

此外，数智化技术还使得教育资源的个性化定制成为可能。教育机构和企业可以通过数据分析和人工智能技术，根据学生的学习记录和兴趣爱好，为他们定制个性化的学习计划和课程内容。这种个性化的教育服务不仅满足了学生的个性化需求，还提高了教学效果和学习成果。

（三）教育评价的数字化转型

传统的教育评价方式主要以考试成绩为主，这种方式往往忽略了学生的综合素质和个性化发展。在数智化时代，教育评价逐渐实现了数字化转型，通过多元化的评价手段来全面评估学生的学习状况。

在线作业、课堂表现、社交媒体等渠道为学生提供了丰富的学习数据和反馈信息。教育机构可以通过这些数据对学生的学习状况进行全方位的评估，从而更好地发现和培养学生的优势和潜力。数字化技术还使得评价过程更加公正、透明和可追溯，减少了人为因素的干扰和偏见。

（四）教育公平的推进

数智化时代为推进教育公平提供了有力的技术支持。通过数字化手段，优质的教育资源可以跨越地域和经济的限制，惠及更广泛的学生群体。特别是在发展中国家或偏远地区，数字化教育资源的普及和应用使得这些地区的学生也能够享受到高质量的教育资源。

此外，数智化技术还促进了教育资源的均衡分配。通过数据分析和人工智能技术，教育机构可以精准识别教育资源的需求和供给情况，从而有针对性地进行资源配置和优化。这种精准化的资源配置方式不仅提高了教育资源的利用效率，还促进了教育公平的实现。

（五）教师角色的转变与提升

在数智化时代，教师的角色发生了深刻的转变。教师不再仅仅是知识的传授者，更是学生学习的引导者和促进者。他们需要掌握更多的数字化技术和信息素养，以便更好地利用数字化教学资源来辅助教学与指导学生学习。

为了提升教师的数字化素养和教学能力，教育机构需要加强对教师的培训和支持。通过举办培训班、研讨会和在线课程等形式，帮助教师掌握数字化教学技能和方法，提高他们的教学效果和创新能力。教育机构还需要建立激励机制和评价体系，鼓励教师积极参与数字化教学改革和创新实践。

第二节　高职教育在数智化时代的新要求

一、高职教育在数智化时代的角色定位

随着科技的飞速发展，人类社会正步入数智化时代，这是一个由数字化和智能化技术驱动的全新阶段。在这一时代背景下，高职教育作为教育体系中的重要组成部分，其角色定位正经历着深刻的变革。

（一）数智化时代为高职教育带来的机遇

数智化时代，互联网、大数据、云计算等技术的广泛应用，使得优质教育资源得以跨越地域限制，实现全球范围内的普及与共享。学校可以充分利用这些技术，引入国内外先进的教学理念和教学方法，丰富教学内容和形式，提升教学质量和效果；通过建设在线教育平台，实现远程教学和自主学习，为广大学生提供更加便捷、灵活的学习途径。

数智化时代对人才的需求发生了深刻变化，要求人才具备更强的创新能力、实践能力和跨界融合能力。高职教育作为培养技术技能型人才的重要阵地，需要紧跟时代步伐，创新人才培养模式。通过校企合作、工学结合、产学研用一体化等方式，加强与产业界的联系与合作，共同制订人才培养方案和教学计划，实现专业设置与产业需求对接、课程内容与职业标准对接、教学过程与生产过程对接，培养适应数智化时代需求的高素质技术技能型人才。

数智化时代为教育评价体系的优化提供了有力支持。通过运用大数据、人工智能等技术手段，可以对学生的学习行为、学习成效等进行全面、客观、精准的评估和分析，为个性化教学提供科学依据；也可以对教师的教学质量、教学效果等进行科学评价，促进教师专业成长和教学水平提升。此外，还

可以建立多元化的评价体系，将学生的综合素质、创新能力、实践能力等纳入评价范围，全面反映学生的成长和发展情况。

（二）数智化时代高职教育面临的挑战

数智化时代技术更新速度非常快，新的技术不断涌现并应用于各个领域。高职教育需要紧跟技术发展趋势，及时更新教学内容和教学方法，以适应产业发展的需求。然而，这要求高职教育具备强大的创新能力和适应能力，对教师队伍的素质和教学资源的配置提出了更高要求。

数智化时代要求高职教育加强与产业界的跨界融合，实现产学研用一体化发展。然而，在实际操作中，由于体制机制、利益分配等方面的原因，跨界融合面临着诸多困难和挑战。如何打破壁垒、建立有效的合作机制、实现资源共享与优势互补，是高职教育需要解决的重要问题。

数智化时代虽然为教育资源的普及与共享提供了可能，但也加剧了教育不公平的问题。由于技术设备、网络环境等条件的差异，不同地区、不同学校、不同学生之间的教育资源获取和利用能力存在差距。如何保障教育公平、缩小教育差距，是高职教育需要重点关注的问题。

（三）高职教育在数智化时代的角色转变

高职教育者的角色需要从传统的知识传授者转变为学习引导者。教师需要引导学生学会如何筛选、整理和应用信息，培养学生的自主学习能力和创新思维。教师还需要关注学生的个性差异和兴趣爱好，提供个性化的学习支持和指导。随着产业的发展和技术的进步，企业对人才的需求已经从单纯的技能型向综合素质型转变。因此，高职教育者的角色也需要从技能培训者转变为综合素质培养者。除了传授专业知识和技能外，还需要着重培养学生的职业道德、团队协作精神、创新能力等综合素质；通过开设人文社科类课程、开展社会实践和志愿服务等活动，全面提升学生的综合素质和竞争力。

高职教育需要不断创新教学模式和方法，以适应产业发展的需求。因此，教师的角色也需要从教学执行者转变为教育创新者。教师需要关注行业动态和技术发展趋势，及时将新技术、新方法和新理念引入到教学中来；还需要积极参与教学改革和科研活动，探索适合高职教育特点的教学模式和方法，推动教育创新和发展。

二、高职教育应对数智化挑战的策略

随着科技的飞速发展，人类社会正步入数智化时代，这一变革对各行各业产生了深远影响，高职教育作为培养技术技能型人才的重要阵地，同样面临着前所未有的挑战。为了有效应对这些挑战，高职教育需要采取一系列策略，以适应数智化时代的需求，实现教育的转型升级和可持续发展。

（一）明确数智化教育的核心目标

高职教育应明确数智化教育的核心目标，即培养具备数智化素养、创新能力、实践能力和跨界融合能力的高素质技术技能型人才。这一目标的确立，是高职教育应对数智化挑战的前提和基础。数智化素养包括信息素养、数据素养、技术素养等多个方面，是学生在数智化时代生存和发展的基本能力。创新能力则要求学生具备独立思考、解决问题的能力，以及敢于尝试、勇于创新的精神。实践能力则强调学生将所学知识应用于实际工作中的能力，而跨界融合能力则要求学生能够跨越不同领域、不同学科的界限，实现知识的综合运用与创新。

（二）加强课程体系与教学内容的改革

课程体系与教学内容的改革是高职教育应对数智化挑战的关键。首先，高职教育应根据行业发展趋势和企业需求，动态调整专业设置和课程内容，确保教育内容与产业需求紧密对接。其次，应引入前沿技术和最新成果，及时更新教学内容，使学生掌握最新的知识和技能。最后，应注重课程体系的系统性和完整性，构建跨学科、跨领域的课程体系，培养学生的综合素质和跨界融合能力。

在教学内容上，应注重理论与实践相结合，加强实践教学环节，提高学生的实践能力。可以通过建设校内实训基地、与企业合作开展实习实训等方式，为学生提供更多的实践机会。

（三）推进教学模式与方法的创新

教学模式与方法的创新是高职教育应对数智化挑战的重要途径。首先，应倡导以学生为中心的教学理念，注重激发学生的学习兴趣和主动性。可以通过项目式学习、问题导向学习等教学模式，引导学生在解决问题的过程中自主学习、合作探究；还可以利用翻转课堂、混合式学习等现代教学方法，提高课堂教学的互动性和针对性。其次，应充分利用现代信息技术手段创新教学模式和教学方法。可以通过建设在线教育平台、开发数字化教学资源等方式，实现优质教育资源的普及与共享。

（四）加强师资队伍建设

师资队伍建设是高职教育应对数智化挑战的重要保障。首先，应加大对教师的培养和引进力度，提高教师队伍的整体素质和教学能力。可以通过组织教师参加培训、学术交流等活动，提升教师的专业素养和教学能力；还可以引进具有行业背景和丰富实践经验的专家及企业技术人员担任兼职教师或客座教授，增强教学的实践性和针对性。其次，应鼓励教师积极参与科研活动，掌握行业前沿技术和教育理念。通过参与科研项目、发表学术论文等方式，提升教师的科研能力和学术水平；还可以将科研成果转化为教学资源，丰富教学内容和形式。

此外，还应加强教师的信息技术培训，使教师能够熟练运用数字化教学工具，提升教学效果和学生的学习体验；可以通过举办信息技术培训班、组织教学技能大赛等方式，提高教师的信息技术应用能力和教学创新能力。

（五）深化产教融合与校企合作

产教融合与校企合作是高职教育应对数智化挑战的重要途径。首先，应加强与行业企业的联系与合作，共同制订人才培养方案和教学计划。通过邀请企业专家参与课程设计、教材编写和教学评价等环节，确保教育内容与产业需求紧密对接。还可以与企业合作开展实习实训、技能竞赛等活动，为学生提供更多的实践机会和展示平台。其次，应鼓励和支持学生参与企业的技术创新和产品研发等活动。通过与企业合作开展科研项目、共建研发中心等方式，培养学生的创新意识和实践能力；还可以为学生提供更多的就业机会和创业平台，促进学生的职业发展和社会适应能力。

（六）构建多元化评价体系

构建多元化评价体系是高职教育应对数智化挑战的必要措施。传统的评价体系往往过于注重学生的考试成绩和理论知识掌握情况，而忽视了学生的实践能力、创新能力和综合素质等方面的评价。因此，在数智化时代，高职教育应构建多元化评价体系，将学生的综合素质、实践能力、创新能力等纳入评价范围。

具体而言，可以通过引入项目评价、实践评价、过程评价等多种评价方式，全面反映学生的成长和发展情况。此外，还可以建立学生自评、互评和教师评价相结合的多元化评价机制，促进学生的自我反思和相互学习。

（七）注重培养学生的终身学习能力

在数智化时代，知识和技术的更新速度前所未有，这要求高职教育不仅要传授学生当前的技能和知识，更要注重培养学生的终身学习能力。终身学习能力是指人类个体经过学习和训练而具备的、一直保持到老年都还在起作用的那种从客观环境中获取知识信息的能力，以及运用知识的能力，包括知识、技能、动机、人格等。终身学习能力贯穿于人的一生，是一种相对稳定的状态。为了实现终身学习这一目标，高职教育可以采取以下策略：

1. 培养自主学习习惯

通过设计启发式教学、探究式学习等教学活动，激发学生对学习的兴趣和动力，培养他们自主学习的习惯和能力。

2. 强化信息素养

在课程中融入信息素养教育，使学生掌握信息检索、分析、评价和利用的技能，以便在未来的职业生涯中能够高效地获取和应用新知识。

3. 提供持续学习资源

建立线上线下相结合的学习平台，为学生提供丰富的学习资源和个性化的学习路径，支持他们在毕业后继续学习和成长。

第三节　计算机类专业教学的新趋势

一、计算机类专业在数智化时代的变革方向

数智化时代特征不仅深刻改变了生产方式、生活方式和社会结构，也对教育体系特别是计算机类专业提出了新的要求和挑战。计算机类专业作为技术创新的核心领域，在数智化时代背景下正经历着深刻的变革。

（一）技术趋势引领变革

人工智能（AI）与机器学习（ML）技术作为计算机类专业的重要发展方向，在数智化时代中发挥着越来越重要的作用。随着算法的不断优化和计算能力的提升，AI 和 ML 技术正在逐步渗透到各行各业，从自动驾驶、医疗诊断到智能家居、金融服务，其应用场景不断拓展。计算机类专业需要紧跟这一趋势，加强相关技术的研发与应用，培养学生在 AI 与 ML 领域的核心竞争力。

量子计算是一种遵循量子力学规律调控量子信息单元进行计算的新型计算模式。与经典计算不同，量子计算遵循量子力学规律，它是能突破经典算力瓶颈的新型计算模式。量子计算作为一种全新的计算模式，具有巨大的潜力和挑战。量子计算技术的突破将带来计算能力的飞跃，为计算机科学带来革命性的变革。计算机类专业应关注量子计算的发展动态，积极引入相关课程和研究项目，为学生提供接触前沿技术的机会，培养未来的量子计算专家。

云计算和边缘计算是计算机类专业另外两个重要的发展方向。云计算提供了强大的计算和存储能力，使得用户可以随时随地访问数据和应用；而边缘计算则通过将计算任务分散到网络边缘，降低了延迟，提高了数据处理速度。云计算与边缘计算的融合将成为趋势，计算机类专业需要加强对这两种技术的研究与应用，推动其在实际场景中的深度融合。

（二）应用领域的广泛拓展

随着区块链、大数据和人工智能等技术的不断发展，金融科技正在改变金融行业的面貌。计算机类专业学生可以在这一领域发挥重要作用，参与金融科技创新，为金融行业提供更安全、高效和便捷的服务。例如，利用 AI 技术进行信用评估、风险控制和智能投顾等；利用区块链技术提升交易透明度和安全性；利用大数据技术进行市场分析和用户画像等。

医疗健康领域是计算机类专业的重要应用领域之一。通过应用人工智能、大数据和物联网等技术，计算机类专业学生可以参与医疗设备的研发、医疗数据的分析和健康管理等方面的工作。例如，利用 AI 技术进行疾病诊断、药物研发和个性化治疗；利用大数据技术进行医疗数据的挖掘和分析；利用物联网技术实现远程医疗和智能健康监测等。

智慧城市是计算机类专业未来的重要发展方向之一。通过应用物联网、云计算和大数据等技术，计算机类专业学生可以参与城市基础设施的智能化改造、城市管理和公共服务等方面的工作。例如，利用物联网技术实现城市设施的智能互联和远程监控；利用云计算技术提供城市级的数据存储和计算服务；利用大数据技术优化城市资源配置和公共服务等。

（三）教育模式的创新与发展

现在，单一学科的知识已经难以满足复杂问题的解决需求。因此，计算机类专业需要加强与其他学科的跨学科融合教育。例如，与数学、物理、生物等自然科学学科融合，推动计算科学在科学研究中的应用；与经济学、管理学等社会科学学科融合，推动信息技术在社会管理中的应用。通过跨学科融合教育，培养学生的综合素养和创新能力。

计算机类专业对实践性要求较高，传统的教学模式往往难以满足学生的实践需求。因此，计算机类专业需要创新教学模式，加强实践教学环节。例如，通过校企合作、项目驱动等方式为学生提供更多的实践机会；通过在线课程、虚拟实验室等方式拓展学生的学习渠道；通过竞赛、科研等方式激发学生的创新潜能。

在全球化背景下，计算机类专业需要具备宽广的国际化视野。因此，计算机类专业需要加强国际交流与合作，为学生提供更多的国际学习机会。例如，与国外知名高校建立合作关系，开展联合培养项目；邀请国际知名学者来校讲座与交流等。通过这些措施，培养学生的国际视野和跨文化交际能力。

二、计算机类专业课程内容的更新趋势

随着科技的飞速发展和计算机技术的不断更新，计算机类专业作为技术创新的核心领域，其课程内容也在不断演变与发展，以适应行业发展的需求。

（一）基础课程的强化与拓展

数学是计算机科学的重要基础，因此在基础课程方面，高等数学、线性代数、微积分、离散数学、概率论与数理统计等课程依然是计算机类专

业的必修内容。这些课程为学生提供了坚实的数学基础，为后续的专业课程学习打下坚实的基础。随着计算机科学的深入发展，一些新的数学工具和方法也在不断地被引入到课程中来，如数值分析、优化理论等，以增强学生的数学素养和解决实际问题的能力。

计算机基础理论与技能课程是计算机类专业学生的入门课程，包括计算机组成原理、操作系统、数据库系统原理、计算机网络等。这些课程带领学生深入了解计算机底层原理和核心系统构成，掌握计算机硬件与软件的基本知识。在数智化时代，这些课程的内容也在不断更新，如引入云计算、大数据处理等新兴技术，使学生能够更好地适应行业发展的需求。

（二）专业课程的深化与细分

编程语言是计算机类专业学生的基本技能之一。在专业课程方面，C++、Java、Python 等主流编程语言课程依然是必修内容。这些课程不仅教授学生编程语言和语法规则，还注重培养学生的编程思维和实践能力。此外，随着软件开发技术的不断发展，一些新的开发框架和工具也在不断被引入到课程中来，如 Spring、Django 等，能增强学生的软件开发能力。

数据结构与算法是计算机类专业的重要课程之一。这些课程教授学生如何设计高效的数据结构和算法来解决实际问题。在数智化时代，随着大数据和人工智能技术的广泛应用，数据结构与算法的重要性更加凸显。因此，这些课程的内容也在不断深化和拓展，如引入并行算法、分布式算法等新的算法思想和技术手段。

随着科技的不断发展，一些新兴技术课程也逐渐成为计算机类专业的重要组成部分。例如，人工智能课程涵盖了机器学习、深度学习、自然语言处理等多个领域，成为当前计算机科学领域的热门方向。此外，云计算、大数据处理、物联网、网络安全等新兴技术课程也相继开设，以满足行业对相关专业人才的需求。

（三）实践教学环节的加强与创新

课程设计与实验是计算机类专业实践教学的重要环节。通过课程设计和实验，学生可以将所学知识应用于实际问题中，提升自己的实践能力和创新能力。随着技术的不断更新和发展，课程设计与实验的内容也在不断拓展和创新。例如，引入云计算平台、大数据处理平台等新的实验环境和技术手段，使学生能够更好地理解和掌握新兴技术。实习与实训是计算机类专业学生将所学知识应用于实际工作的重要途径。通过与企业和行业合作，为学生提供实习和实训机会，可以使学生更好地了解行业需求和职业发展动态。加强实习与实训环节，提升学生的实践能力和职业素养，对于促进学生的就业和职业发展具有重要意义。

创新创业教育是当前高等教育的重要组成部分。在计算机类专业中，通过开设创新创业课程、举办创新创业竞赛等方式，可以激发学生的创新创业精神和实践能力。在数智化时代，加强创新创业教育，培养学生的创新创业意识和能力，对于推动计算机类专业的创新发展和培养高素质人才具有重要意义。

（四）跨学科融合与国际化视野的培养

跨学科融合是当前高等教育的重要趋势之一。在计算机类专业中，通过与其他学科如医学、金融、生物等的交叉融合，可以为学生提供更加广阔的发展空间和应用前景。例如，医学与计算机科学的结合可以推动医疗信息化的发展；金融与计算机科学的结合可以推动金融科技的创新。因此，加强跨学科融合教育，培养学生的综合能力和跨学科思维，对于提升计算机类专业学生的竞争力和适应力具有重要意义。

在全球化背景下，国际化视野的培养对于计算机类专业学生具有重要意义。通过加强与国际知名高校和企业的合作与交流，可以为学生提供更多的国际学习机会和实践经验；同时，引入国际化的教学资源和课程体系，可以提升学生的国际竞争力和跨文化交际能力。

三、计算机类专业教学方法的创新趋势

随着科技的飞速发展，计算机类专业作为培养未来科技人才的重要领域，其教学方法也在不断进行创新以适应时代的需求。计算机类专业教学方法的创新趋势主要体现在以下几个方面：信息化教学、项目式学习、混合式教学模式、个性化学习路径以及强调实践与创新能力培养。

（一）信息化教学的广泛应用

信息化教学是现代教育的重要特征之一，它充分利用了多媒体技术和网络资源，使教学内容更加生动、直观。在计算机类专业教学中，教师可以通过多媒体课件、视频教程、在线课程等多种形式展示教学内容，让学生在视觉、听觉等多个维度上学习知识。此外，互联网上的丰富教学资源，如教学视频、电子书籍、在线题库等，也为学生的学习提供了极大的便利。

虚拟实验室和模拟软件是信息化教学在计算机类专业中的重要应用。这些工具可以模拟真实的实验环境，让学生在没有实际硬件设备的情况下进行实验和操作。例如，在计算机网络课程中，学生可以通过虚拟实验室进行网络配置和故障排查；在软件开发课程中，学生可以使用模拟软件进行代码编写和调试。这种方式不仅降低了实验成本，还提高了实验的灵活性和安全性。

（二）项目式学习的推广

项目式学习是一种以项目为核心的教学方法，它强调通过解决实际问题来培养学生的实践能力和创新能力。在计算机类专业教学中，教师可以设计一些与课程相关的真实项目，让学生分组合作完成。这些项目可以来自企业实际需求、科研课题或教师自拟的课题。通过参与项目，学生可以深入了解行业需求和技术前沿，锻炼自己的团队协作能力和问题解决能力。

项目式学习不仅关注项目的完成过程，还注重将项目实践与理论教学相结合。在项目实施过程中，教师可以根据项目的需要引入相关的理论知识，使学生在实践中加深对理论知识的理解。学生也可以将所学的理论知识应用到项目实践中，验证其可行性和有效性。这种融合式的教学方式有助于学生构建完整的知识体系，提升综合素质。

（三）混合式教学模式的探索

混合式教学模式是指将线上教学和线下教学相结合的一种教学模式。在计算机类专业教学中，教师可以利用在线学习平台发布课程资料、视频讲座和作业，可以在课堂上进行面对面的讲解和讨论，解答学生的疑问。学生可以在任何时间、任何地点进行自主学习。这种结合方式既发挥了线上教学的灵活性和便捷性，又保留了线下教学的互动性和针对性。

混合式教学模式的优势在于它可以根据学生的学习特点和需求进行灵活调整。对于自主学习能力强的学生，他们可以通过线上资源进行自主学习；对于需要更多指导和帮助的学生，他们可以在课堂上获得教师的指导和支持。然而，混合式教学模式也面临一些挑战，如如何保证线上学习的质量、如何进行有效的课堂管理等。因此，在实施混合式教学模式时，教师需要充分考虑这些因素，制订合理的教学计划和管理措施。

（四）个性化学习路径的定制

个性化学习路径是指根据学生的学习能力、知识基础、兴趣点和学习风格设计的课程内容和教学策略。这种路径有助于提高学生的学习动机、效率和成效，因为它能够确保每个学生都能在自己的节奏下吸收知识。个性化学习在提升学生自主学习能力和促进其终身学习观念形成方面起到关键作用。在计算机类专业教学中，教师可以利用自适应学习系统来实现个性化学习路径的定制，通过收集学生的学习数据（如学习进度、答题情况、时间分配等），利用算法分析学生的学习状态和需求，然后自动调整学习内容和难度。

除了自适应学习系统外，教师还可以为学生提供多样化的学习资源和路径。例如，为不同水平的学生提供不同难度的学习材料和练习题；为有兴趣的学生提供拓展性的课程或项目；为有特定需求的学生提供定制化的学习方案等。这些多样化的学习资源和路径可以满足学生的个性化需求，激发学生的学习兴趣和动力。

（五）强调实践与创新能力培养

实践教学是计算机类专业教学中不可或缺的一部分。通过实践教学，学生可以更好地理解和掌握所学知识，并将其应用到实际问题中去。在计算机类专业教学中，教师可以设计一些具有挑战性的实践任务或项目，让学生在实践中锻炼自己的实践能力和创新能力。

除了实践教学外，教师还需要注重培养学生的创新思维。在计算机类专业教学中，教师可以通过设计一些开放性的问题或项目来激发学生的创新思维。这些问题或项目没有固定的答案或解决方案，需要学生运用所学的知识和技能进行思考和探索。通过这种方式，学生可以锻炼自己的批判性思维、创新思维和解决问题的能力。

第四节　高职学生的特点与需求变化

一、高职学生群体的基本特征分析

高职教育作为高等教育体系中的重要组成部分，其学生群体具有独有的特征和多样性。这些特征不仅反映了高职学生的个体差异性，也体现了高职教育在培养目标、教学内容、教学方法等方面的特殊性。

（一）生源结构的多样性

高职学生群体的生源结构相对复杂，招生渠道多元化是其显著特征之一。除了通过普通高考录取的学生外，还包括中职毕业生对口升学、单独招生（如自主招生、技能高考等）、成人高等教育转段等多种形式。这种多元化的招生渠道使得高职学生群体在知识基础、技能水平、年龄结构等方面存在显著差异。

高职学生来自不同地区、不同家庭背景，他们的成长环境、教育资源、经济条件等各不相同。这种地域与家庭背景的多样性不仅影响了学生的知识结构和兴趣爱好，也对其学习态度、职业规划等方面产生了深远影响。

（二）学习特征的差异性

高职学生群体的学习动机呈现出多元化的特点。一部分学生基于对未来职业的规划和兴趣选择进入高职学习，他们目标明确、学习动力强；另一部分学生则可能因高考成绩不理想或家庭压力等因素而进入高职，其学习动机相对较弱，需要学校和教师的引导和激励。由于生源结构的多样性，高职学生在学习习惯上也存在显著差异。一些学生具有良好的学习习惯和自律能力，能够主动预习、复习，积极参与课堂讨论；而另一些学生则可能缺乏明确的学习计划和目标，学习效率低下，需要学校和教师在学习方法上进行指导和帮助。

高职教育注重培养学生的实践能力和职业技能，这一特点在学生群体中得到了充分体现。高职学生普遍对实践操作、技能训练等实践性课程表现出较高的兴趣和热情，他们更愿意通过动手实践来掌握知识和技能。

（三）心理特征的复杂性

高职学生群体在心理特征上表现出自信心与自卑感并存的复杂状态。一方面，他们对自己在某一领域或技能上的优势感到自豪和自信；另一方面，由于社会对高职教育的偏见和误解，以及自身在学习上的不足，又使他们容易产生自卑感和挫败感。这种心理矛盾需要学校和教师给予足够的关注和帮助。

面对未来职业的选择和发展，高职学生往往表现出迷茫和不确定。他们虽然对所学专业有一定的了解和兴趣，但对于具体的职业方向、岗位要求、发展前景等方面缺乏深入的认识和规划。因此，学校和教师需要加强职业指导和职业规划教育，帮助学生明确职业目标和发展路径。

（四）社会适应能力的差异

高职学生群体在社交能力上也存在差异。一些学生性格开朗、善于交际，能够迅速融入集体并建立良好的人际关系；而另一些学生则可能性格内向、缺乏自信，在社交方面存在一定的困难。学校应通过开展丰富多彩的课外活动、社团组织等方式，为学生提供更多的社交机会和平台。

高职学生普遍面临着从校园到社会的过渡阶段，自我管理能力的差异尤为明显。一些学生具备较强的自我管理能力，能够合理安排时间、规划学习和生活;而另一些学生则可能缺乏自我约束能力，容易沉迷于网络游戏、社交媒体等虚拟世界。学校应加强对学生的自我管理能力培养，引导学生树立正确的价值观和人生观。

（五）发展需求的多样性

随着社会对高学历人才需求的增加，部分高职学生表现出强烈的升学深造意愿。他们希望通过专升本、考研等方式进一步提升自己的学历层次和能力水平。学校应为学生提供更多的升学指导和支持服务，帮助他们实现升学梦想。作为职业教育的重要组成部分，高职学生的就业创业需求尤为突出。他们希望在学校期间能够掌握一技之长，为未来的就业创业打下坚实的基础。学校应加强与企业的合作与交流，为学生提供更多的实习实训机会和就业创业指导服务。

在全球化、信息化的时代背景下，高职学生越来越注重自身综合素质的提升。他们希望通过参加各类竞赛、社会实践等活动来锻炼自己的组织协调能力、团队协作能力、创新能力等综合素质。学校应为学生搭建更多的展示自我、锻炼能力的平台，促进其全面发展。

二、高职学生需求在数智化时代的变化

随着科技的飞速发展，数智化时代已经全面到来，深刻影响着社会经济的各个领域，教育领域也不例外。高职学生作为未来社会的重要力量，其需求在数智化时代发生了显著变化。

（一）学习模式的变化

在数智化时代，高职学生的学习模式发生了根本性变化。传统的课堂讲授和书本学习已不再是唯一的学习方式，线上学习、混合学习、远程学习等新模式逐渐成为主流。学生可以根据自己的学习节奏和需求，随时随地学习，这种灵活性和自主性极大地提高了学习效率。

数智化技术使得个性化学习成为可能。通过大数据分析和人工智能技术，可以精准分析学生的学习习惯、兴趣偏好和学习成效，为每个学生提供量身定制的学习资源和路径。这种个性化的学习体验，有助于激发学生的学习兴趣和动力，提高学习效果。

混合式学习模式结合了线上和线下学习的优势，既保留了传统课堂中的师生互动和团队协作，又充分利用了线上资源的丰富性和便捷性。在混合式学习中，学生可以更加灵活地安排学习时间，同时享受高质量的教学资源和服务。

远程学习在数智化时代得到了广泛应用，通过远程学习平台，学生可以跨越地域限制，共享全球范围内的优质教育资源，拓宽视野，提升能力。

（二）技能需求的变化

数智化时代对高职学生的技能要求也发生了显著变化。传统的技能如计算机基本操作、办公软件使用等已不能满足市场需求，新的技能如数据分析、人工智能、云计算等成为热门需求。

在大数据时代，数据分析能力成为高职学生必备的技能之一。通过数据分析，学生可以更好地理解市场需求、预测行业趋势、优化决策过程等。因此，掌握数据分析技能对于提高就业竞争力具有重要意义。人工智能作为数智化时代的核心技术之一，正逐渐渗透到各个行业领域。高职学生需要了解人工智能的基本原理和应用场景，掌握机器学习、深度学习等关键技术，以适应未来职业发展的需求。

云计算技术为企业提供了高效、灵活、可扩展的 IT 服务。高职学生需要了解云计算的基本概念、架构和服务模式，掌握云平台的操作和管理技能，以便在未来的工作中更好地应用云计算技术。

（三）职业发展的变化

数智化时代为高职学生提供了更加广阔的职业发展空间和机会。随着技术的不断进步和行业的快速变化，高职学生需要不断学习和提升自己，以适应新的职业发展要求。

在数智化时代，行业之间的界限越来越模糊，跨界融合成为趋势。高职学生需要具备跨学科的知识和能力，以便在不同领域之间灵活切换和融合创新。例如，具备信息技术背景的学生可以从事医疗、金融、教育等多个领域的信息化工作。

数智化时代的知识更新速度非常快，高职学生需要树立终身学习的理念，不断学习和掌握新的知识和技能；通过参加培训、自学、实践等方式，不断提升自己的综合素质和竞争力。

数智化时代为创新创业提供了更加便捷的条件和机会。高职学生可以利用自己的专业知识和技能，结合市场需求和趋势，开展创新创业活动。通过创新创业实践，不仅可以锻炼自己的能力和素质，还可以为未来的职业发展打下坚实的基础。

（四）教育评价的变化

数智化时代推动了教育评价方式的变革。传统的以考试成绩为主的评价方式已经无法全面反映学生的综合素质和能力水平，新的评价方式如过程性评价、多元化评价等逐渐成为主流。

过程性评价注重对学生学习过程的全面记录和评估，包括学习态度、学习方法、学习成效等多个方面。通过过程性评价，可以更加客观地反映学生的学习情况和成长轨迹，为教学改进和学生发展提供依据。多元化评价强调评价主体的多元性和评价方式的多样性。除了教师评价外，还可以引入学生自评、同伴互评、企业评价等多种评价方式；采用多种评价工具和方法，如问卷调查、访谈、项目展示等，以全面评估学生的综合素质和能力水平。

在数智化时代，数据成为评价的重要依据。通过收集和分析学生在学习过程中的各种数据（如学习时长、互动频率、作业完成情况等），可以更加精准地评估学生的学习状态和效果，为教学改进和学生个性化学习提供有力支持。

三、高职学生面对数智化挑战的应对策略

随着信息技术的迅猛发展，数智化时代已经全面到来，为各行各业带来了前所未有的变革与挑战。对于高职学生而言，这一变革不仅意味着学习方式的转变，更对职业技能、职业素养乃至职业规划提出了更高要求。面对数智化带来的挑战，高职学生需要采取一系列有效的应对策略，以适应新时代的需求，实现个人价值与社会发展的双赢。

（一）提升数字技能与信息技术素养

在数智化时代，基础数字技能如计算机操作、办公软件应用、互联网搜索等已成为职场必备。高职学生应充分利用学校资源，如计算机基础课程、在线学习平台等，扎实掌握这些基本技能，为后续的专业学习和职业发展打下坚实基础。除了基础数字技能外，高职学生还需根据所学专业特点，深入学习与之相关的信息技术。例如，对于电子商务专业的学生来说，需

要掌握数据分析、SEO优化、社交媒体营销等技能；对于智能制造专业的学生，则需了解物联网、机器人技术、CAD/CAM等前沿技术。通过专业技能的提升，增强自身在就业市场上的竞争力。

数智化时代知识更新迅速，高职学生需具备持续学习的意识和能力。通过参加线上课程、阅读专业书籍、关注行业资讯等方式，不断拓宽知识视野，紧跟技术发展步伐。同时，学会利用信息技术工具进行自主学习，如利用在线编程平台练习编程、使用数据分析软件进行数据分析等。

（二）强化实践能力与创新能力

高职教育强调实践能力的培养。高职学生应积极参与学校组织的实训项目、技能竞赛等活动，通过实践锻炼提升自己的动手操作能力和问题解决能力，通过项目合作和团队协作，培养自己的沟通能力和团队协作能力。

创新思维和创业精神也尤为重要。高职学生应敢于尝试新事物、新方法，勇于挑战传统观念，培养自己的创新意识和创造力；还可以利用学校提供的创业平台或社会资源，尝试进行创业实践，将所学知识转化为实际成果。

高职学生应时刻关注所在行业的发展动态和市场需求变化，了解行业趋势和未来发展方向。通过市场调研、企业实习等方式，深入了解企业需求和市场变化，为自己的职业规划和发展方向提供有力依据。

（三）加强职业规划与就业指导

面对数智化时代的挑战和机遇，高职学生应尽早明确自己的职业目标和发展路径。通过自我评估、职业性格测试等方式，了解自己的兴趣、优势和劣势；结合行业发展趋势和市场需求，制订切实可行的职业规划。学校应建立健全就业指导服务体系，为高职学生提供全方位的就业指导和咨询服务。通过开设就业指导课程、举办就业招聘会、提供简历制作和面试技巧培训等方式，帮助学生提升就业竞争力。建立校友网络和校企合作机制，为学生提供更多就业机会和实践平台。

在数智化时代，职业素养和软技能同样重要。高职学生应注重培养自己的职业道德、职业精神和团队协作能力等职业素养；同时加强沟通能力、领导力、时间管理等软技能的学习和实践。这些素养和技能将对学生的职业生涯产生深远影响。

（四）适应在线学习与混合式教学

随着在线教育的兴起，高职学生需要掌握在线学习的技巧和方法，包括合理安排学习时间、选择合适的在线课程和学习资源、积极参与线上讨论和交流等，还要学会利用学习管理工具进行自我监督和评估学习效果。混合式教学模式结合了线上和线下教学的优势，成为当前高职教育的重要趋势。高职学生应适应这种教学模式的转变，充分利用线上资源的便捷性和线下课堂的互动性进行学习。通过线上预习和复习巩固知识点；线下积极参与课堂讨论和实践操作提升实践能力。

在数智化时代，自主学习能力尤为重要。高职学生应树立终身学习的理念，培养自己的自主学习意识和能力。通过制订学习计划、选择适合自己的学习方法、定期总结和反思学习成果等方式不断提升自己的自主学习能力。

（五）关注心理健康与情绪管理

数智化时代的学习和工作节奏加快，高职学生面临着较大的心理压力和挑战，因此应关注自己的心理健康问题，及时发现和解决心理问题。面对学习和生活中的各种挑战和压力，高职学生应学会情绪管理技巧，通过运动、阅读、听音乐等方式放松心情缓解压力，学会积极应对挫折和失败，保持乐观向上的心态。学校应建立健全心理健康教育体系，为学生提供专业的心理咨询和辅导服务。

良好的人际关系对于高职学生的心理健康和职业发展至关重要。学生应积极参与校园活动和社交场合，结交志同道合的朋友；学会倾听和表达，尊重他人意见和情感；建立良好的人际关系网络，为自己的成长和发展提供支持。

四、高职学生职业素养与创新能力培养的需求

在快速发展的数智化时代，高等职业教育面临着前所未有的挑战与机遇。作为未来社会的重要建设者，高职学生不仅需要掌握扎实的专业技能，还需具备高度的职业素养和卓越的创新能力，以适应复杂多变的市场需求和职业环境。

（一）高职学生职业素养培养的需求

1. 职业素养的内涵与重要性

职业素养是指个体在职业活动中所表现出来的综合素质和能力，包括职业道德、职业态度、职业行为规范和职业知识技能等方面。良好的职业素养不仅有助于提升个人的职业竞争力，也是企业和社会对人才的基本要求。在数智化时代，职业素养的重要性更加凸显，它关乎个人职业发展的长远性和可持续性。

2. 职业素养培养的具体需求

高职学生应树立正确的职业观念，遵守职业道德规范，具备高度的责任感和使命感。在职业活动中，能够坚守诚信、尊重他人、维护公共利益，展现出良好的职业操守。积极向上的职业态度和良好的行为习惯是职业素养的重要组成部分。高职学生应培养勤奋好学、勇于担当、团结协作、注重细节等优秀品质，以适应快速变化的职业环境。

在数智化时代，专业知识与技能的更新速度极快。高职学生应紧跟行业发展动态，不断学习和掌握新知识、新技能，以提升自己的专业素养和竞争力。良好的沟通能力和团队协作精神是现代职场不可或缺的能力。高职学生应学会倾听他人意见、表达自己的想法、协调各方利益，以建立良好的人际关系和合作氛围。

3. 职业素养培养的策略

学校应将职业素养教育融入专业课程体系，通过案例教学、项目驱动等方式，让学生在实践中体验和感悟职业素养的重要性。加强与企业的合作，通过实习实训、订单培养等方式，让学生深入了解企业文化、职业规范和岗位要求，提前适应职场环境。营造积极向上的校园文化氛围，通过举办职业规划讲座、职业素养竞赛等活动，激发学生的职业意识和责任感。

（二）高职学生创新能力培养的需求

1. 创新能力的内涵与意义

创新能力是指个体在解决问题、创造新事物或改进现有事物时所展现出的独特思维方式和实践能力。在数智化时代，创新能力是推动社会进步和经济发展的重要动力。对于高职学生而言，具备创新能力意味着能够更好地适应市场需求、把握发展机遇、实现个人价值。

2. 创新能力培养的具体需求

培养学生的批判性思维、发散性思维和逆向思维等创新思维方式，鼓励学生敢于质疑、勇于探索、善于联想和类比。在数智化背景下，知识的交叉融合成为常态。高职学生应具备跨学科的知识背景和学习能力，能够将不同领域的知识和技能进行融合创新。

创新不仅仅是理论上的构想，更需要通过实践来验证和完善。高职学生应具备较强的实践操作能力，能够将创新想法转化为实际成果。在创新过程中，团队协作和领导力同样重要。高职学生应学会与他人合作、共同解决问题，并能够在团队中发挥领导作用，推动创新项目的顺利进行。

3. 创新能力培养的策略

构建以创新能力培养为核心的课程体系，设置创新课程、创业课程等特色课程，为学生提供多元化的学习选择。加强实践教学环节，通过项目式教学、创新实验、技能竞赛等方式，让学生在实践中锻炼创新思维和实践能力。

建立校内外创新平台，如创新实验室、创业孵化器等，为学生提供创新资源和支持服务，促进创新成果的转化和应用。加强师资队伍建设，引进具有创新精神和实践经验的优秀教师和企业导师，为学生提供专业的指导和支持。

第二章　高职计算机类专业的教学现状分析

第一节　当前高职计算机教学的基本情况

一、高职计算机类专业的教学规模与结构

（一）高职计算机类专业的教学规模

近年来，随着社会对计算机类人才的需求不断增加，高职计算机类专业的招生规模持续扩大。许多高职院校纷纷增设计算机类专业，以满足学生和社会对专业知识的需求。据统计，目前全国范围内的高职计算机类专业招生人数已占据高职总招生人数的一定比例，且呈逐年上升趋势。同时，在校学生数也显著增加，形成了庞大的学习群体。高职计算机类专业在设置上呈现出多样化的特点。根据市场需求和技术发展趋势，各高职院校纷纷开设了计算机科学与技术、软件技术、计算机网络技术、信息安全技术、物联网应用技术等专业。这些专业不仅涵盖计算机领域的核心技术，还涉及新兴技术的应用和发展，为学生提供了广阔的发展空间和就业前景。

随着教学规模的扩大，高职计算机类专业的师资力量也得到了不断加强。许多高职院校积极引进具有丰富实践经验和教学能力的优秀教师，加强在职教师的培训和进修工作，提高教师的整体素质和教学水平。此外，

各高职院校还加大了对教学设施的投入力度，建设了先进的计算机实验室、网络实训室、软件开发中心等教学设施，为学生提供了良好的学习环境和条件。

（二）高职计算机类专业的教学结构

高职计算机类专业的课程体系通常由公共基础课程、专业基础课程和专业方向课程三个部分组成。公共基础课程包括数学、英语、政治等基础课程，旨在培养学生的基本素质和综合能力；专业基础课程则涵盖计算机组成原理、数据结构、操作系统、计算机网络等核心课程，为学生打下坚实的专业基础；专业方向课程则根据专业方向的不同而有所差异，如软件技术方向会开设软件工程、软件开发技术等课程，计算机网络技术方向会开设网络协议、网络安全等课程。在教学内容上，高职计算机类专业注重理论与实践相结合，通过项目驱动、案例教学等方式，提高学生的实践能力和创新能力。高职计算机类专业的教学模式和方法灵活多样。许多高职院校采用“理实一体化教学模式”，将理论教学与实践教学紧密结合在一起，使学生在掌握理论知识的同时，能通过实践操作加深对知识的理解和应用。此外，各高职院校还积极探索现代教学手段的应用，如多媒体教学、网络教学、虚拟仿真教学等，以提高教学效果和学生的学习兴趣。在教学方法上，教师注重启发式教学、讨论式教学等互动式教学方法的应用，鼓励学生积极参与课堂讨论和实践活动，培养学生的自主学习能力和团队协作精神。

实践教学是高职计算机类专业教学的重要组成部分。各高职院校通过建设校内实训基地、开展校企合作等方式，为学生提供丰富的实践机会和平台。在校内实训基地中，学生可以接触到先进的计算机设备和软件工具，进行各种实践操作和项目开发；在校企合作中，学生可以深入企业一线了解市场需求和技术动态，参与企业的实际项目开发和生产活动。这种实践教学与校企合作相结合的方式不仅有助于提高学生的实践能力和职业素养，还有助于增强学生的就业竞争力和社会适应能力。

教学质量评估与反馈是高职计算机类专业教学的重要环节。各高职院校通过建立完善的教学质量评估体系，对教师的教学过程、学生的学习效果以及教学设施的使用情况等进行全面评估和分析。各高职院校还注重收集学生的反馈意见和建议，及时调整和优化教学方案与方法。这种教学质量评估与反馈机制有助于保证教学质量的稳定性和可持续性发展。

二、高职计算机类专业的教学质量与效果

高职计算机类专业的教学目标是培养具备扎实的计算机理论基础、较强的实践能力和良好的职业素养的高素质技能型人才。这一目标不仅要求学生掌握计算机硬件、软件、网络等核心技术，还要求学生能够将这些知识应用于实际问题的解决中，具备独立进行项目开发、系统维护等能力。职业素养的培养也是教学目标的重要组成部分，包括沟通能力、团队协作精神、创新能力等。

为了实现教学目标，高职计算机类专业需要不断优化和更新教学内容。首先，专业课程设置应紧密围绕行业需求和技术发展趋势，确保学生所学知识与市场需求相匹配。例如，随着大数据、云计算、人工智能等新兴技术的兴起，相关课程应被及时纳入教学计划中。其次，教学内容应注重理论与实践相结合，通过项目式教学、案例教学等方式，让学生在解决实际问题的过程中掌握知识和技能。此外，随着在线教育的兴起，网络课程、慕课等新型教学资源也应被充分利用，为学生提供更加灵活多样的学习方式。教学方法是影响教学质量与效果的关键因素之一。高职计算机类专业应积极探索和实践新型教学方法，以激发学生的学习兴趣和创新能力。例如，项目式教学是一种将理论知识与实际应用紧密结合的教学方法，通过让学生参与实际项目的开发过程，培养他们的实践能力和团队协作精神。案例教学则通过分析真实案例，帮助学生理解理论知识的应用场景和解决实际问题的方法。此外，互联网教学、翻转课堂等新型教学模式也应被积极引入，以提高教学效果和学生的学习体验。

教学资源的丰富程度和质量直接关系到教学质量与效果。高职计算机类专业应加大对教学资源的投入力度，建设和完善各类教学设施设备。首先，实验室是计算机类专业不可或缺的教学资源之一，应配备先进的计算机设备和软件工具，以满足学生的实践需求。其次，图书资料、网络资源等也应得到充分利用，为学生提供丰富的学习资源和参考资料。此外，与企业合作建立实训基地、聘请行业专家举办讲座和授课等也是提升教学资源质量的有效途径。

学生能力的提升是教学工作的根本目标。高职计算机类专业应通过多种途径和方式提升学生的专业能力、实践能力和综合素质。首先，通过开展各类实践活动和竞赛，如程序设计大赛、网络安全竞赛等，激发学生的学习兴趣和潜能。其次，加强与企业合作，为学生提供实习实训机会，让他们在实践中学习和成长。最后，建立科学的学生评价体系也是提升学生能力的重要手段之一。评价体系应全面覆盖学生的知识掌握情况、实践能力、职业素养等多个方面，采用多元化的评价方式和方法，确保评价结果的客观性和准确性。为了不断提升教学质量与效果，高职计算机类专业应建立完善的教学质量评估体系。评估体系应包括教师教学质量评估、学生学习效果评估以及教学资源利用情况评估等多个方面。通过定期进行教学评估，及时发现和解决教学中存在的问题和不足，提出针对性的改进措施和建议。例如，针对教学方法单一、学生参与度不高等问题，可以采取引入更多互动式教学方式、加强师生沟通等措施加以改进；针对教学资源不足的问题，可以加大投入力度、优化资源配置等方式加以解决。

三、高职计算机类专业的教学特色与优势

在高等职业教育领域中，计算机类专业凭借其独特的教学特色与显著的优势，成为培养高素质技能型人才的重要阵地。

高职计算机类专业的教学定位明确，即培养适应市场需求、具备扎实专业技能和良好职业素养的高素质技能型人才。这一定位使得高职计算机

类专业在课程设置、教学内容选择以及教学方法运用上更加贴近实际，注重培养学生的实践能力和创新能力。通过紧跟行业发展趋势和技术前沿，高职计算机类专业能够及时调整和优化教学计划，确保学生所学知识与市场需求保持高度一致。

高职计算机类专业的课程体系完善，涵盖从基础理论到专业技能的多个层面。一方面，通过开设计算机组成原理、数据结构、操作系统、计算机网络等基础课程，为学生打下坚实的理论基础；另一方面，通过项目式教学、案例教学等实践环节，让学生在解决实际问题的过程中掌握专业技能和方法。这种理论与实践并重的课程体系，既保证了学生理论知识的系统性，又强化了其实践能力的培养。

高职计算机类专业的教学模式不断创新，注重师生互动和学生主体性的发挥。传统教学模式中，教师往往处于主导地位，学生被动地接受知识。而在高职计算机类专业的教学中，教师更多地扮演引导者和合作者的角色，通过启发式教学、讨论式教学等方法，激发学生的学习兴趣和探索欲望。

实践教学是高职计算机类专业教学的重要组成部分，也是其特色之一。通过建设校内实训基地、开展校企合作等方式，高职计算机类专业为学生提供了丰富的实践机会和平台。在校内实训基地中，学生可以接触到先进的计算机设备和软件工具，进行各种实践操作和项目开发等。这种实践教学模式，不仅有助于提高学生的实践能力和职业素养，还有助于增强学生的就业竞争力和社会适应能力。

校企合作是高职计算机类专业实现人才培养目标的重要途径之一。通过与行业内的知名企业建立深度合作关系，高职计算机类专业能够及时了解市场需求和技术动态，调整和优化教学计划；企业也能够借助学校的师资力量和教学资源，开展员工培训和技术研发等工作。此外，校企合作还为学生提供了广阔的就业渠道和实习机会，使他们能够在真实的工作环境中锻炼自己、积累经验。这种双赢的合作模式不仅有助于提升高职计算机类专业的教学质量和效果，还有助于推动行业的持续发展和创新。

高职计算机类专业拥有一支实力雄厚、经验丰富的师资队伍。这些教师不仅具备扎实的专业知识和技能，还具备丰富的教学经验和深厚的行业背景。他们能够将最新的技术成果和行业动态融入教学中去，使学生能够及时了解和掌握最新的技术与方法；他们还能根据学生的实际情况和需求进行个性化教学指导，帮助学生解决学习中遇到的问题和困难。这种高水平的师资队伍为高职计算机类专业的教学质量提供了有力保障。

高职计算机类专业注重学生的全面发展和职业规划指导。通过开设职业规划课程、组织职业规划讲座等方式，帮助学生了解行业发展趋势和就业前景，明确自己的职业目标和方向。同时，通过参加各类实践活动和竞赛等方式，提高学生的综合素质和竞争力。此外，高职计算机类专业还与多家企业和机构建立了良好的合作关系，为学生提供了丰富的实习和就业机会。这些措施为学生未来的职业发展奠定了坚实基础，使他们在毕业后能够顺利择业就业。

四、高职计算机类专业面临的问题

在时代快速发展的背后，高职计算机类专业的教学也面临着诸多问题与挑战。高职计算机类专业的教学内容往往滞后于技术发展的步伐。一方面，部分教材仍然沿用着旧有的知识体系和技术标准，无法及时反映最新的技术成果和行业趋势；另一方面，由于新技术、新工具的不断涌现，学生需要掌握的知识和技能也在不断增加，而教学内容却未能及时跟进。这种教学内容的陈旧性，不仅难以激发学生的学习兴趣和动力，也导致学生在毕业后难以适应市场需求和岗位要求。

在高职计算机类专业的教学中，传统的以教师为中心、以课本为依托的教学模式仍然占据主导地位。这种教学模式往往注重知识的灌输和死记硬背，而忽视了对学生创新思维和实践能力的培养。课堂上，教师往往照本宣科，缺乏与学生的互动和交流；学生则被动接受知识，缺乏主动思考和探索的机会。此外，由于教学方法的单一性，学生难以将所学知识应用于实际问题中，导致理论与实践脱节。

高职计算机类专业的教学资源相对匮乏，主要体现在以下几个方面：一是硬件设施不足。部分高职院校的计算机实验室设备老化、配置落后，无法满足现代计算机教学的需求；二是软件资源匮乏。由于版权和经费等问题，部分高职院校无法购买到最新的教学软件和工具；三是网络资源有限。虽然互联网为教学提供了丰富的资源，但部分高职院校的网络条件有限，无法满足学生在线学习与交流的需求。

高职计算机类专业的师资队伍相对薄弱，主要体现在以下几个方面：一是教师数量不足。随着招生规模的扩大和课程设置的增加，部分高职院校的计算机类专业教师的数量无法满足教学需求；二是教师素质不高。部分教师缺乏行业经验和实战经验，难以将理论与实践相结合；三是教师队伍结构不合理。部分高职院校的计算机类专业教师队伍中存在着年龄结构偏大、学历层次偏低等问题。

高职计算机类专业的教学应该注重理论与实践相结合，但在实际教学中却存在着实践教学薄弱的问题。一方面，部分高职院校的实践教学环节设置不合理，缺乏系统性和连贯性；另一方面，由于实践教学资源有限和师资力量不足等原因，部分实践教学环节无法得到有效实施。此外，由于实践教学缺乏真实场景和项目的支撑，学生难以将所学知识应用于实际问题的解决中。这种实践教学的薄弱性不仅影响了学生的实践能力和职业素养的培养，也导致了理论与实践的脱节。

第二节　教学内容与市场需求的不对称性

一、教学内容与行业需求之间的差距

在当今这个信息化高速发展的时代，计算机类专业的教学内容与行业需求之间的契合度直接影响着学生的就业竞争力和职业发展前景。而在实际教学中，高职计算机类专业的教学内容往往与快速变化的行业需求之间存在着一定的差距。这种差距不仅制约了教学质量的提升，也对学生未来的职业发展构成了挑战。

（一）差距的成因

信息技术领域的技术更新速度极快，新的编程语言、开发工具等层出不穷，而高职计算机类专业的教学内容和课程体系往往需要经过长时间的论证、修订和审批才能更新，这使得教学内容往往滞后于技术发展的步伐。即使学校意识到需要更新教学内容，也可能因为教材编写、师资培训等环节的滞后而难以迅速响应。计算机行业的应用领域广泛，从软件开发、网络安全、大数据分析到人工智能等，不同领域对人才的需求各不相同。然而，高职计算机类专业的教学往往采用标准化的课程体系和教学内容，难以满足行业多样化的需求。即使学校设置了多个专业方向，也可能因为教学资源有限、师资力量不足等原因而难以做到精细化教学。

高职计算机类专业的教学强调理论与实践相结合，但在实际操作中，往往存在理论教学与实践教学脱节的问题。一方面，理论教学可能过于抽象和理论化，缺乏与实际应用的紧密联系；另一方面，实践教学可能缺乏真实场景和项目的支撑，难以让学生将所学知识应用于实际问题的解决中。这种脱节现象导致学生的实践能力不足，难以满足行业对技能型人才的需求。

（二）差距的表现

高职计算机类专业的教学内容往往侧重于经典理论和技术知识的传授，而忽视了新技术、新方法的引入。这使得学生在毕业后发现自己在学校所学的知识体系已经过时或不再适用。例如，一些学校仍然教授老旧的编程语言或开发工具，而市场上已经广泛采用了更为先进和高效的替代品。由于教学内容与行业需求之间的差距，高职计算机类专业的学生在技能水平上也存在不足，他们可能掌握了基本的编程能力和理论知识，但缺乏解决实际问题的能力和实战经验。这使得他们在面对复杂多变的项目需求时显得力不从心，难以满足企业的要求。

除了专业技能外，职业素养也是企业用人的重要考量因素。然而，由于教学内容中缺乏对职业素养的培养和熏陶，高职计算机类专业的学生在职业素养方面也存在欠缺。他们可能缺乏团队合作精神、沟通能力和创新思维等，这些能力对于他们在职场中的发展和晋升至关重要。

（三）应对策略

高职计算机类专业应加强与企业和行业的联系与合作，定期进行市场调研和需求分析。通过了解企业的用人需求和行业发展趋势，及时调整和优化教学内容和课程体系；还可以邀请企业专家参与教学计划的制订和修订工作，确保教学内容与行业需求高度契合。为了弥补教学内容与行业需求之间的差距，高职计算机类专业应积极引入前沿技术和项目实践，如可以通过与企业合作共建实训基地、引入真实项目案例等方式，让学生在实际操作中掌握新技术和新方法；还可以鼓励学生参与各类技术竞赛和创新创业活动，提升他们的实践能力和创新精神。

教师是提高教育教学质量的关键因素。为了提升教学质量、缩小教学内容与行业需求之间的差距，高职计算机类专业应加强师资队伍建设与培训。可以通过引进优秀人才、加强在职教师的培训和学习等方式提升教师的专业素质和教学能力；可以鼓励教师参与企业实践和技术研发等活动，增强他们的实践经验和行业认知。

除了专业技能外，职业素养也是学生未来职业发展的重要因素。因此，高职计算机类专业应注重学生职业素养的培养。学校可以通过开设职业素养课程、组织职业规划讲座和实践活动等方式提升学生的职业素养和综合能力；可以加强与企业文化的融合和交流活动，让学生更好地了解企业文化和职场规范。

为了应对技术更新快速和行业需求变化的问题，高职计算机类专业应建立动态调整机制。定期对教学内容和课程体系进行评估和修订工作，确保其与行业需求的契合度，还可以建立教学反馈机制和学生评价体系等制度性措施来收集企业和学生的反馈意见并及时调整教学策略和方法。

二、教学内容更新速度与市场需求的变化

高职计算机类专业作为培养未来 IT 行业人才的重要基地，其教学内容的更新速度直接关系到学生能否适应快速变化的市场需求。市场需求作为行业发展的风向标，不断引导着技术革新和人才标准的重塑。因此，探讨高职计算机类专业教学内容更新速度与市场需求变化之间的关系，对于优化教学资源配置、提升教学质量、促进学生就业具有重要意义。

（一）市场需求变化的特点

信息技术领域是技术更新最为迅速的领域之一。新的编程语言、开发工具、平台框架等层出不穷，这些新技术往往能够显著提高开发效率、降低维护成本、开创新的业务模式。市场对这些新技术的快速接纳和应用，使得企业对于掌握新技术的人才需求不断增加。随着互联网的普及和数字化转型的加速，计算机技术在各行各业的应用日益广泛。从传统的软件开发、网络安全到新兴的大数据分析、人工智能、云计算等领域，计算机技术的应用场景不断拓展。这种多元化的应用需求，要求高职计算机类专业的教学内容必须紧跟行业趋势。

市场需求并非一成不变，而是随着技术进步、政策调整、市场竞争等多种因素的变化而动态调整。这种动态性要求高职计算机类专业的教学必须保持高度的敏感性和灵活性，及时捕捉市场变化信息，调整教学内容和方向。

（二）教学内容更新速度的挑战

教材是教学内容的重要载体，但教材的编写和出版往往要经历较长的周期。在这个周期内，技术可能已经又发生了显著的变化。因此，当新教材投入使用时，其中的部分内容可能已经过时或不再适用。这种滞后性给教学内容的更新带来了很大的挑战。教师是教学内容更新的关键力量。然而，由于师资力量的限制，许多高职计算机类专业的教师在面对新技术时往往感到力不从心。他们可能缺乏必要的培训和资源支持来掌握新技术并将其融入教学中。这种师资力量的限制制约了教学内容的更新速度和教学质量。

教学资源的匮乏也是影响教学内容更新速度的重要因素之一，包括实验设备、教学软件、在线资源等在内的教学资源需要不断更新和升级才能满足教学的需求。然而，由于经费有限和资源配置不均等问题，许多高职计算机类专业在教学资源方面存在较大的缺口。

（三）教学内容更新速度与市场需求变化的协调策略

为了确保教学内容的更新与市场需求保持同步，高职计算机类专业学校应加强对市场的调研和预测。通过定期收集行业报告、参加技术交流会、与企业建立合作关系等方式，了解市场需求的最新动态和发展趋势。同时，运用数据分析工具对市场需求进行预测和分析，为教学内容的更新提供科学依据。

面对快速变化的市场需求和技术更新速度，高职计算机类专业应灵活调整教学内容与课程体系。一方面，可以根据市场需求的热点和趋势增加新的课程或模块；另一方面，可以对现有课程进行优化和整合，去除过时或重复的内容，提高教学效率和质量。此外，还可以根据学生的学习情况和兴趣爱好开设选修课程或实践项目，满足学生的个性化需求。教师是教学内容更新的关键力量。因此，高职计算机类专业应重视师资队伍的建设与培训。通过引进优秀人才、加强在职教师的培训和学习等方式提升教师的专业素质和教学能力；鼓励教师参与企业实践和技术研发等活动，增强他们的实践经验和行业认知。此外，还可以建立教师激励机制和评价体系，激发教师的教学热情和创造力。

为了弥补教学资源的匮乏问题，高职计算机类专业应积极拓展教学资源与渠道。一方面可以加大经费投入力度，购买先进的实验设备和教学软件；另一方面可以利用互联网和大数据技术构建在线学习平台和教学资源库，为学生提供更加丰富和便捷的学习资源。此外，还可以与企业和行业组织建立合作关系，共同开发课程资源和实训项目，实现资源共享和优势互补。为了确保教学内容更新与市场需求保持同步，还需要建立反馈与评估机制。通过定期收集学生、企业和社会的反馈意见，了解教学内容的实际效果和市场需求的满足程度，运用评估工具对教学内容和教学质量进行客观评价和分析，找出存在的问题和不足并提出改进措施。

三、教学内容实用性与市场适应性的评估

在高等职业教育领域，计算机类专业作为培养信息技术人才的重要阵地，其教学内容的实用性与市场适应性直接关系到学生的就业竞争力和职业发展前景。随着技术的不断进步和市场需求的变化，如何确保教学内容的实用性和市场适应性，成为高职计算机类专业亟须解决的问题。

（一）教学内容实用性的评估

教学内容的实用性首先体现在理论与实践的结合度上。高职计算机类专业应注重培养学生的实践操作能力，使学生能将所学知识应用于实际工

作中。评估教学内容的实用性时，评估者需要考查其是否包含足够的实践环节，如实验、实训等，以及这些实践环节是否与理论教学内容紧密结合，形成良好的教学体系。评估教学内容的实用性时，还需要考查其是否包含当前市场上主流和前沿的技术技能，以及这些技能是否具有较高的实用价值；还需关注教学内容是否能够帮助学生掌握解决实际问题的能力，如系统集成、软件开发、网络安全等方面的技能。

不同的学生群体和就业方向对教学内容的需求不同。因此，评估教学内容的实用性时，还需考查其是否具有足够的针对性，是否能够满足不同学生的学习需求和就业方向。例如，对于希望从事软件开发的学生，教学内容应侧重于编程语言、数据结构、算法等方面的知识；而对于希望从事网络安全的学生，则应侧重于网络安全技术、攻防实战等方面的知识。

（二）市场适应性的评估

市场适应性主要体现在教学内容与行业需求的匹配度上。评估市场适应性时，需要深入了解当前计算机行业的市场需求和发展趋势，分析企业对人才的需求和期望；然后，将教学内容与行业需求进行对比分析，评估其是否能够满足企业的用人需求。例如，当前市场上对大数据、云计算、人工智能等领域的人才需求较大，高职计算机类专业应加大对这些领域的教学投入。技术更新迅速是计算机行业的一个显著特点。因此，评估市场适应性时，评估者还需要考查教学内容的更新速度是否能够满足市场需求的变化。

毕业生的就业竞争力是衡量教学内容市场适应性的重要指标之一。评估市场适应性时，可以通过对毕业生的就业情况进行跟踪调查和分析，了解他们在就业市场上的表现和竞争力。具体来说，可以关注毕业生的就业率、就业质量、薪资待遇等方面的情况，以此来评估教学内容的市场适应性。

（三）改进策略

校企合作是提升教学内容实用性和市场适应性的有效途径之一。高职计算机类专业应积极与企业建立合作关系，共同开发课程资源和实训项目。通过引入企业的真实项目案例和技术资源，使学生能够在实际工作场景中学习和应用所学知识，提高他们的实践能力和就业竞争力。

面对快速变化的市场需求和技术更新速度，高职计算机类专业应灵活调整教学内容。一方面可以根据行业需求和技术发展趋势及时调整课程设置和教学重点；另一方面可以根据学生的兴趣爱好和就业方向设置选修课程和实践项目，满足学生的个性化需求。

教师是教学内容更新和优化的关键力量。高职计算机类专业应重视师资队伍的建设和培养，同时鼓励教师参与企业实践和技术研发等活动，增强他们的实践经验和行业认知，以便更好地将新技术和新知识融入教学中。建立反馈与评估机制是确保教学内容实用性和市场适应性的重要手段之一。高职计算机类专业应建立完善的学生、教师和企业反馈渠道，收集各方意见和建议；定期对教学内容进行评估和分析，找出存在的问题和不足并及时进行改进和调整；还应加强对毕业生的跟踪调查和分析，了解他们在就业市场上的表现和竞争力，为教学内容的优化提供有力支持。

四、教学内容改革与市场需求对接的策略

在快速变化的信息化时代，高职计算机类专业的教学内容必须紧跟市场需求，以确保学生掌握的技能和知识能够满足未来职场的实际需求。教学内容的改革不仅是教育质量的提升，更是对市场需求变化的积极响应。

（一）深入理解市场需求

高职计算机类专业需要密切关注计算机行业的整体发展趋势，包括新兴技术的兴起、传统技术的演变以及行业政策的调整等，通过行业报告、专家讲座、企业交流等多种渠道，获取最新的行业动态和市场需求信息。

定期对企业进行需求调研，了解企业对计算机类专业毕业生的具体期望和要求，包括技能需求、职业素养、团队协作能力等多个方面。通过问卷调查、访谈、实地考察等方式，收集企业的反馈意见，为教学内容的改革提供依据。

对已经毕业的学生进行跟踪调查，了解他们在职场中的表现和发展情况。通过收集毕业生的就业信息、薪资水平、岗位晋升等方面的数据，分析教学内容的实用性和市场适应性，为教学内容的进一步改革提供参考。

（二）优化教学内容与课程体系

根据市场需求的变化，学校应及时更新和调整课程内容。将新技术、新工具、新方法纳入教学体系，确保学生掌握的知识和技能与市场需求保持同步；淘汰过时或不再适用的内容，避免浪费学生的学习时间。根据学生的不同需求和就业方向，构建模块化的课程体系。将课程内容划分为多个模块，每个模块对应一个特定的技能或领域。学生可以根据自己的兴趣和职业规划选择相应的模块进行学习，提高学习的针对性和实效性。

加强实践教学环节，提高学生的动手能力和实践能力。通过开设实验课程、实训项目、企业实习等多种方式，让学生在真实的工作环境中学习和应用所学知识；加强与企业的合作，共同开发实训项目和教学资源，确保实践教学的针对性和实用性。

（三）创新教学方法与手段

项目式教学是一种以项目为核心的教学方法，通过让学生参与实际项目设计、规划、执行和评估过程，来促进他们的学习和发展。在高职计算机类专业中引入项目式教学，可以让学生在真实的工作环境中学习和应用所学知识，提高他们的职业素养和就业竞争力。充分利用信息技术手段，如在线学习平台、虚拟现实技术、人工智能辅助教学等，提高教学效果和学习体验。通过在线学习平台，学生可以随时随地进行学习；通过虚拟现实技术，学生可以模拟真实的工作环境进行实践操作；通过人工智能辅助教学，教师可以更加精准地了解学生的学习情况并提供个性化的指导。

翻转课堂是一种颠覆传统课堂教学模式的教学方法。它将知识的传授放在课前通过视频、阅读材料等方式进行；将知识的内化和应用放在课中通过讨论、实验、项目等方式进行。在高职计算机类专业中实施翻转课堂，可以激发学生的学习兴趣和主动性，提高他们的自学能力和解决问题的能力。

（四）建立校企合作机制

深化与企业的合作关系，建立紧密的校企合作机制。通过共同开发课程资源、实训项目、教学案例等方式，实现教学内容与市场需求的紧密对接。同时，加强与企业的人才培养和交流合作，为学生提供更多的实习和就业机会。与企业合作建立实习实训基地，为学生提供真实的工作环境和实践机会。通过实习实训基地的建设和管理，确保学生能够在真实的工作环境中学习和应用所学知识；通过实习实训基地的反馈机制，及时调整和优化教学内容和课程体系。

积极开展产学研合作活动，推动科研成果向教学转化。通过与企业合作开展科研项目和技术研发活动，将最新的科研成果和技术成果融入教学中；通过产学研合作活动的开展，促进教师与企业的交流合作和资源共享。

第三节　教学方法与学生期望的差距

一、传统教学方法与学生期望的不匹配

在教育领域，教学方法作为知识传递的桥梁，其有效性和适应性直接影响着学生的学习效果和满意度。然而，在当前的教育实践中，传统教学方法与学生日益增长的期望之间往往存在显著的不匹配现象，这一现象在高职计算机类专业中尤为突出。

（一）现状描述

传统教学方法往往侧重于教师的单向讲授，通过板书、PPT 等形式向学生灌输知识。这种教学方式虽然能够系统地传授知识，但缺乏互动性和趣味性，容易导致学生在课堂上感到枯燥乏味，难以保持长时间的注意力集中。传统教学方法往往采用“一刀切”的方式，忽视了学生的个体差异，难以满足不同学生的学习需求。这导致部分学生感到学习吃力，甚至对学习产生抵触情绪。

高职计算机类专业注重培养学生的实践能力和创新精神。然而，传统教学方法往往偏重理论教学，忽视了实践环节的重要性。学生在课堂上虽然能够掌握一定的理论知识，但在面对实际问题时往往束手无策，难以将所学知识应用于实际。传统教学方法通常采用考试成绩作为评价学生学习效果的主要标准。这种单一的评价体系忽视了学生的综合素质和创新能力的发展，容易导致学生只关注分数而忽视自身能力的培养和提高。

（二）原因分析

传统教学方法的根源在于教育理念的滞后，教育被视为知识的灌输和记忆的过程，而忽视了学生的主体性和创造性。这种教育理念导致了教学方法的单一和僵化，难以满足学生多样化的学习需求。教学资源的有限性也是导致传统教学方法难以改变的重要原因之一。在一些地区和学校，由于资金、师资等资源的匮乏，难以开展多样化的教学活动和实验实训项目。这限制了教学方法的改革和创新。

教师的专业素养直接影响到教学方法的选择和实施。然而，在一些学校中，部分教师缺乏先进的教学理念和教学方法的掌握，难以运用现代化的教学手段和工具进行教学。这导致了教学方法的落后和僵化。

随着社会的快速发展和科技的不断进步，学生的需求和期望也在不断变化。他们不再满足于单一的教学模式和评价体系，而是希望能够在学习中获得更多的参与感和成就感。这种多样化的需求对传统教学方法提出了挑战。

（三）应对策略

要解决传统教学方法与学生期望不匹配的问题，首先需要更新教育理念。教育应被视为一个促进学生全面发展的过程，注重培养学生的主体性和创造性。在教学过程中，教师应尊重学生的个体差异和多样化的需求，采用多样化的教学方法和手段来满足学生的学习需求。

丰富的教学资源是实施多样化教学方法的重要保障。学校应加大对教学资源的投入力度，建设现代化的教学设施和实验实训基地；积极引进先进的教学手段和工具，如在线学习平台、虚拟现实技术等，为学生提供更加丰富的学习体验和实践机会。

提升教师的专业素养是改变传统教学方法的关键。学校应加强对教师的培训和培养力度，提高教师的教学能力和专业素养。通过组织教师参加学术研讨会、教学观摩等活动，让教师了解最新的教学理念和教学方法；通过与企业合作开展科研项目和技术研发活动，提高教师的实践能力和创新能力。

实施多元化教学方法是解决传统教学方法与学生期望不匹配的有效途径。在教学过程中，教师可以采用项目式教学、翻转课堂、案例教学等多种教学方法和手段来激发学生的学习兴趣和主动性，通过让学生参与实际项目的开发和管理、进行小组讨论和合作学习等方式来培养学生的实践能力和团队协作精神。注重培养学生的创新思维和解决问题的能力，以适应未来社会的发展和需求。

建立多元化评价体系是促进学生全面发展的重要手段。除了考试成绩外，还应将学生的综合素质和创新能力纳入评价体系中。通过设立创新实践学分、综合素质评价等方式来全面评价学生的学习效果和发展水平。注重对学生的过程性评价和反馈性评价，及时了解学生的学习情况和问题所在，并给予针对性的指导和帮助。

二、学生对教学方法改革的期望与需求

（一）学生对教学方法改革的期望

学生普遍期望教学能增加课堂的互动性和自身的参与度。他们希望教师不再是单纯的知识传授者，而是能够引导他们主动思考、积极参与课堂讨论的指导者。通过小组讨论、案例分析、角色扮演等互动方式，学生能够在轻松愉快的氛围中掌握知识，提升学习兴趣。对于高职计算机类专业的学生而言，实践操作能力的培养至关重要。他们期望教学能够更加注重实践与理论的紧密结合，通过项目式学习、实训课程、企业实习等方式，将所学知识应用于解决实际问题。这不仅能够加深学生对理论知识的理解，还能提升他们的动手能力和解决问题的能力。

每个学生都是独一无二的个体，他们在学习能力、兴趣爱好、认知风格等方面存在差异。因此，学生期望能够更加注重个性化和差异化的教学方法。教师可以根据学生的不同需求和特点制订个性化的学习计划，提供多样化的学习资源和学习路径等。通过这种方式，学生能够在适合自己的学习环境中发挥最大潜力。学生也期望教师能够积极运用现代化的教学手段及平台，如在线学习平台、虚拟现实技术、人工智能辅助教学等，使学习过程更加便捷、高效和有趣。通过在线学习平台，学生可以随时随地进行自主学习；通过虚拟现实技术，学生可以模拟真实的工作环境进行实践操作；通过人工智能辅助教学，学生可以获得个性化的学习指导和反馈。

（二）学生对教学方法改革的需求

学校应该为学生提供明确的学习目标和评价体系，包括明确每门课程的学习目标、知识点和技能要求；建立科学合理的评价体系，将学生的综合素质和创新能力纳入评价范围；及时反馈学生的学习成果和问题所在，以便他们及时调整学习策略和方法。

学生期望学校及教师能够提供多元化的学习资源和学习路径，包括丰富多样的教材、参考书、在线课程等学习资源；提供灵活多样的学习路径和进度安排，以满足不同的学习需求和节奏；以及提供个性化的学习建议和推荐，帮助他们更好地规划自己的学习计划和方向。

学生期望注重实践与创新融合的教学方法。他们希望在学习过程中能够接触到最新的技术和行业动态，了解行业前沿和发展趋势；他们也期望能够参与创新项目和实践活动，将所学知识应用于解决实际问题的过程中，培养自己的创新思维和解决问题的能力。除了专业技能的掌握外，学生还期望得到综合素质的提升，包括提升他们的团队协作能力、沟通表达能力、批判性思维能力等。通过组织团队项目、演讲比赛、辩论赛等活动，学生可以在实践中锻炼自己的综合素质和能力。

（三）策略建议

教师应积极采用互动式教学方法，如小组讨论、案例分析、角色扮演等，增强课堂的互动性和学生的参与度；教师还应鼓励学生主动提问和表达自己的观点，培养他们的批判性思维能力和表达能力。

学校应加大对实践教学的投入力度，建设现代化的实训基地和实验室。教师应将实践教学贯穿于整个教学过程中，通过项目式学习、实训课程、企业实习等方式，提升学生的实践能力和解决问题的能力。学校应建立个性化与差异化教学体系，根据学生的不同需求和特点制订个性化的学习计划和学习路径。教师可以通过在线学习平台等现代化教学手段，为学生提供个性化的学习资源和指导；通过定期的学习评估和反馈机制，及时调整教学策略和方法。

学校应积极引入现代化教学手段如在线学习平台、虚拟现实技术、人工智能辅助教学等，提升教学效果和学习体验。教师可以利用这些手段为学生提供更加便捷、高效和有趣的学习体验；通过数据分析和智能推荐等技术手段，为学生提供个性化的学习建议和推荐。

学校应建立全面的评价体系，将学生的综合素质和创新能力纳入评价范围。除了传统的考试成绩外，还应关注学生的学习过程、实践能力、团队协作能力等方面的表现。通过多元化的评价方式和方法，全面反映学生的学习成果和发展水平。

三、教学方法创新与学生参与度的提升

教学方法的创新是推动教学质量提升、激发学生学习兴趣与潜能的关键。特别是在当今这个信息爆炸、知识快速更新的时代，传统的教学方法已难以满足学生多样化的学习需求。因此，探索并实践新的教学方法，以提升学生的参与度，成为教育改革的重要方向。

（一）教学方法创新的意义

随着科技的进步和社会的发展，学生的学习环境、学习方式以及学习需求都发生了深刻变化。教学方法的创新能够更好地适应这些变化，为学生提供更加符合时代要求的学习体验。传统的教学方法往往侧重于知识的传授和记忆，而忽视了学生的能力培养和素质提升。教学方法的创新能够更加注重学生的主体性、实践性和创新性，能够激发学生的学习兴趣和积极性，提高学生的学习效率和效果，促进学生的全面发展。

（二）影响学生参与度的因素

教学内容的吸引力是学生投入课堂参与度的重要因素之一。如果教学方法单调乏味、缺乏新意，学生很难保持长时间的注意力和兴趣；反之，如果教学方法生动有趣、富有挑战性，学生自然会积极参与其中。学习内容的实用性和趣味性也是影响学生参与度的重要因素。如果学习内容与学生的实际生活或未来职业发展密切相关，或者具有趣味性和启发性，学生更容易产生学习动力并积极参与其中。

学习环境的舒适度和互动性同样会影响学生的参与度。一个温馨舒适、充满互动的学习环境能够让学生感到放松和愉悦，从而更加积极地学习。

四、教学方法改革与学生满意度的关系

教学方法的改革是推动教育进步、提升教学质量、促进学生全面发展的关键环节。而学生满意度，是衡量教学质量和服务质量的重要指标之一。

教学方法的改革是教育现代化的必然要求，也是应对时代挑战、满足学生个性化需求的必然选择。随着信息技术的飞速发展和社会对人才素质要求的不断提高，传统的教学方法已难以满足培养具有创新精神和实践能力的高素质人才的需求。因此，教学方法的改革势在必行，它不仅能够激发学生的学习兴趣和积极性，还能够提升教学质量和学习效果，为学生的全面发展奠定坚实的基础。

（一）教学方法改革对学生满意度的影响

教学方法改革往往伴随着教学手段和方式的创新，如引入多媒体教学、网络学习平台、虚拟实验室等。这些新型教学工具及平台的运用，能够为学生提供更加丰富、生动、直观的学习体验，使学习过程更加有趣、高效。学生不再被动地接受知识，而是能够主动参与到学习活动中来，与教师和同学进行互动交流，共同探索知识的奥秘。这种积极的学习体验能够显著提升学生的满意度。

教学方法改革要求教育者更加关注学生的个体差异和个性化需求，通过差异化教学、个性化辅导等方式，为每个学生提供适合其特点的学习路径和资源。这种以学生为中心的教学模式能够让学生感受到被重视和关注，从而增强其学习动力和自信心，提高学习满意度。

教学方法改革往往注重实践能力和创新能力的培养，通过项目式学习、案例分析、实地考察等方式，让学生将所学知识应用于实际问题的解决中。这种理论与实践相结合的教学模式能够加深学生对知识点的理解和掌握程度，提高学习效率和效果。当学生看到自己的学习成绩提高或者能力得到提升时，他们的学习满意度也会增加。

教学方法改革要求教育者转变角色定位，从知识的传授者转变为学生的引导者和伙伴。在这种新的师生关系中，教师更加关注学生的情感需求和心理变化，与学生通过积极的沟通和交流建立起良好的关系。当学生感受到教师的关心和支持时，他们会更加信任和尊重教师，从而更加积极地参与到学习活动中来，提高了学习满意度。

（二）教学方法改革与学生满意度的相互促进

教学方法改革与学生满意度之间存在着相互促进的关系。一方面，教学方法改革能够提升学生的满意度；另一方面，学生的满意度也是推动教学方法改革不断深化的重要动力。当学生对教学方法和教学质量感到满意时，他们会更加积极地参与到学习活动中来，提出更多的建设性意见和建议。这些意见和建议能够为教学方法的改革提供有益的参考和借鉴，推动教育者不断优化教学手段和方式，提升教学质量。

第四节　教学资源配备及使用效率

一、教学资源的种类与配备情况

教学资源是支撑教学活动顺利开展、保障教学质量与效果的关键因素。随着教育技术的不断进步和教育理念的更新，教学资源的种类日益丰富，其配备情况也直接影响着教育教学的质量与效率。

（一）教学资源的种类

教学资源是指为教学的有效开展提供的素材等各种可资利用的条件，通常包括教材、案例、图片、课件等，也包括教师资源、教具、基础设施等。它们以不同的形式存在，服务于教学活动的各个环节。根据性质和用途，可以将其大致分为以下几类：

教材是教学活动的基础，是教师传授知识、学生获取知识的主要载体。教辅资料则是对教材内容的补充和拓展，包括习题集、参考书、教辅软件等，有助于学生巩固所学知识，提高学习效果。实物教具和模型是直观教学的重要手段，能够帮助学生更好地理解抽象概念和原理。例如，在自然科学课程中使用的动植物标本、地理模型等，都能使学生通过直观观察加深对知识的记忆和理解。

多媒体教学资源已成为现代教学不可或缺的一部分。它包括教学视频、音频、动画、课件等，具有信息量大、表现形式多样、交互性强等特点。多媒体教学资源能够激发学生的学习兴趣，提高教学效果。

网络教学资源是指通过互联网平台获取的各种教学资源，如在线课程、教学视频库、电子图书等，打破了时间和空间的限制，使学生能够随时随地进行学习。网络教学资源还提供了丰富的互动功能和个性化学习路径，满足了学生多样化的学习需求。

除了上述物质资源外，教育人力资源也是教学资源的重要组成部分，包括教师、教学辅助人员等教育者人力资源和学生等受教育者人力资源。教师的专业素养和教学能力直接影响教学质量；教学辅助人员如图书管理员、实验室技术员等则为教学活动的顺利进行提供了重要支持；而学生之间的合作学习、经验分享等也是宝贵的教学资源。

（二）教学资源的配备情况

目前，我国各级各类学校均按照教学大纲和课程标准配备了相应的教材与教辅资料。然而，在实际使用过程中，部分教材存在内容陈旧、与实际脱节等问题；教辅资料则存在种类繁多、质量参差不齐的现象。这在一定程度上影响了教学效果和学生的学习体验。

在自然科学、工程技术等领域的教学中，实物教具和模型发挥着重要作用。然而，由于经费、场地等条件的限制，部分学校在这些教学资源的配备上仍存在不足。尤其是在偏远地区和农村地区，实物教具和模型的匮乏问题更为突出。近年来，随着教育信息化的推进，多媒体教学资源的配备情况得到了显著改善。许多学校都配备了多媒体教室、计算机教室等硬件设施，并引入了丰富的多媒体教学软件。但一些学校在资源使用和整合方面仍存在一些问题，如教师对新技术的掌握程度不够、教学资源之间的兼容性差等。

随着互联网的普及和发展，网络教学资源的配备情况也日益完善。许多学校都建立了自己的网络教学平台或购买了外部的网络教学资源库，但在资源的利用和管理方面仍存在一些挑战，如如何保证网络教学的质量、如何维护网络的安全等。在人力资源的配备方面，我国教育体系已经形成了较为完善的师资队伍。随着教育改革的深入和教育需求的多样化发展，对教师的专业素养和教学能力提出了更高的要求。

二、教学资源的使用效率与效果评估

教学资源的有效使用与高效管理对于提升教学质量、促进学生发展具有至关重要的作用。然而，如何准确评估教学资源的使用效率与效果，并据此进行优化调整，是当前教育实践面临的一大挑战。

教学资源使用效率是指在教学过程中，各类教学资源（如教材、教具、多媒体设备、网络教学资源等）被充分利用的程度和效果。它关注的是资源投入与产出之间的比例关系，即如何在有限的资源条件下实现最大的教学效益。

教学资源使用效果是指教学资源在教学过程中对学生学习成果、能力发展、兴趣激发等方面产生的积极影响和实际效果。

（一）教学资源使用效率与效果评估的方法

定量评估法主要通过收集和分析量化数据来评估教学资源的使用效率与效果，常用的方法包括问卷调查、测试成绩分析、资源使用量统计等。

例如，通过问卷调查了解学生对教学资源的满意度和使用情况；通过测试成绩分析评估教学资源对学生学习成果的影响；通过资源使用量统计了解各类教学资源的实际使用频率和效率。

定性评估法侧重于通过深入观察、访谈和案例分析等方式，对教学资源的使用情况进行主观评价。这种方法能够揭示教学资源使用的深层次问题和原因，为优化策略的制定提供更为全面和深入的依据。例如，通过课堂观察了解教师如何运用教学资源进行教学；通过访谈了解学生和教师对教学资源使用的感受和看法；通过案例分析总结教学资源使用的成功经验和失败教训。

（二）教学资源使用效率与效果评估的现状分析

目前，部分学校和教师对教学资源使用效率与效果评估的重要性认识不足，缺乏主动评估的意识和动力。这导致教学资源的使用往往停留在表面层次，难以发挥其应有的作用和效果。在评估方法上，部分学校过于依赖单一的量化评估方法（如问卷调查法等），忽视了定性评估的重要性。这种单一的评估方法难以全面反映教学资源使用的实际情况和效果，容易导致评估结果的片面性和不准确性。即使进行了评估，部分学校也未能充分利用评估结果来指导教学实践和资源配置，评估结果往往被束之高阁或仅作为形式上的汇报材料使用，未能真正发挥其应有的指导作用。

（三）优化策略

学校和教师应充分认识到教学资源使用效率与效果评估的重要性，树立正确的评估观念。通过加强宣传和培训等方式提高评估意识，形成全员参与、共同关注的良好氛围。建立科学、全面、可操作的评估体系是提升评估效果的关键。评估体系应涵盖教学资源使用的各个方面和环节，包括资源种类、数量、质量、使用频率、效果等多个维度。同时，应综合运用定量评估和定性评估方法，确保评估结果的全面性和准确性。

评估结果的应用是评估工作的最终目的。学校和教师应充分利用评估结果来指导教学实践和资源配置。针对评估中发现的问题和不足，制定具体的改进措施和方案；针对评估中表现突出的方面和亮点进行总结和推广；将评估结果作为教师绩效考核和奖惩的重要依据之一。资源共享与整合是提高教学资源使用效率的有效途径之一。学校应建立教学资源共享平台或机制，鼓励教师和学生积极参与资源的共享和交流；应加强对教学资源的整合和优化配置工作，确保各类资源能够相互补充、相互支持形成合力，共同提升教学质量和效果。

三、教学资源优化与共享机制的建立

随着信息技术的飞速发展，教学资源的形式日益丰富，但如何有效地整合、优化并实现跨地域、跨学校的资源共享，成为当前教育实践中亟待解决的问题。

教学资源的优化与共享，意味着教师和学生能够接触到更多元化、更高质量的教学材料和学习工具。这不仅能够丰富教学内容，拓宽学生的知识视野，还能激发学生的学习兴趣和动力，从而提升整体教学质量。优质教学资源的分布不均是导致教育不公平的重要因素之一。通过建立教学资源优化与共享机制，可以打破地域、学校的界限，使偏远地区和薄弱学校的学生也能享受到优质的教育资源，从而缩小教育差距，促进教育公平。

教学资源的共享，不仅限于现有的教学材料和学习工具，还包括教学理念、教学方法和教学模式的共享。通过交流和学习，教师可以不断吸收新的教育理念和方法，推动教育教学的创新和发展。

（一）教学资源优化与共享面临的挑战

教学资源种类繁多、来源广泛。如何有效地进行资源整合，避免资源的重复建设和浪费，是建立教学资源优化与共享机制的首要难题。教学资源的共享往往涉及版权和利益分配问题。如何确保版权得到尊重和保护，同时合理分配共享资源带来的利益，是建立共享机制时必须面对的问题。

教学资源的优化与共享离不开先进的信息技术支持和稳定的平台支持。然而，目前部分学校和技术机构在这方面仍存在不足，难以满足大规模、高效率的资源共享需求。教师是教学资源的主要使用者和传播者。目前，高职院校存在部分教师对教学资源的优化与共享认识不足，缺乏相应的技能和能力的情况，难以充分发挥共享资源的作用和价值。

（二）教学资源优化与共享机制的构建策略

利用云计算、大数据等现代信息技术手段，建立统一的教学资源整合平台。该平台应具备资源上传、分类、检索、评价等功能，方便用户快速找到所需资源，并实现资源的有效整合和共享。制定明确的版权保护政策和利益分配机制，确保版权人的合法权益得到尊重和保护，同时建立合理的利益分配机制，激励版权人积极参与资源的共享和创作。

加大技术投入和研发力度，不断提升资源整合平台的技术水平和稳定性。加强与其他技术机构和平台的合作与交流，共同推动教学资源的优化与共享。加强对教师的培训和教育，提升他们对教学资源优化与共享的认知和技能水平。建立政府、学校、企业、社会等多方参与的合作机制，共同推动教学资源的优化与共享。政府应提供政策支持和资金保障；学校应积极参与资源的整合和共享；企业应发挥技术优势和市场优势；社会应关注和支持教育资源的共享事业。

四、教学资源在数智化时代的升级与拓展

在现今这个信息爆炸、技术迭代飞速发展的时代，数据成为推动社会发展和经济增长的重要力量。通过收集、分析学生的学习行为、成绩表现等多维度数据，教师可以精准地评估教学效果，为教学决策提供科学依据。这种数据驱动的教学管理模式，使得教学资源的配置更加合理，教学效果更加显著。人工智能、大数据、云计算等先进技术的广泛应用，为教育资源的智能化升级提供了可能。这些技术不仅能够自动化地处理海量数据，还能不断优化教学策略，实现个性化教学。

互联网技术的发展打破了传统教育资源的地域限制，使得优质资源能够跨越时空界限，实现全球范围内的共享。这种网络化资源共享模式，不仅丰富了教学资源的种类和数量，还促进了教育公平与均衡发展。

（一）教学资源在数智化时代的升级

教学资源的数字化进程不断加速，传统的纸质教材、实物教具等逐渐被数字化内容所取代。这些数字化内容不仅包括电子书、在线课程等静态资源，还涵盖了虚拟实验、交互式动画等动态资源。这些资源通过多媒体手段呈现，使得知识更加直观、生动。同时，数字化内容的深度也在不断拓展。通过数据挖掘和分析技术对学生的学习数据进行深入挖掘，发现其学习特点和规律，从而定制化地推送相关学习资源。这种基于数据分析的个性化资源推送，能够更好地满足学生的个性化学习需求。

智能化工具是数智化时代教学资源升级的重要体现，包括智能教学系统、智能辅导机器人、在线测评系统等。它们通过人工智能技术模拟人类教师的教学行为，为学生提供个性化的学习指导和反馈。例如，智能教学系统可以根据学生的学习进度和能力水平，自动调整教学内容和难度；智能辅导机器人则可以随时解答学生的疑问，提供即时的学习支持。此外，智能化工具还能辅助教学资源的创作与分发。例如，利用自然语言处理技术可以自动生成教案和课件；利用虚拟现实技术可以创建“沉浸式”学习场景等。这些智能化工具的应用，极大地提高了教学资源的创作效率和分发速度。

网络化平台是教学资源共享的重要载体。它们通过互联网技术将优质教育资源连接起来，形成庞大的资源库。这些平台不仅提供了丰富的在线课程资源和学习工具，还为教师和学生提供了互动交流的空间。通过网络化平台，学生可以随时随地获取所需资源；教师可以通过平台了解学生的学习情况，进行针对性的教学指导。网络化平台还在不断完善其功能和服务。例如，一些平台引入了学分认证、证书颁发等机制，鼓励学生积极参与在线学习；一些平台还提供了数据分析工具，帮助教师更好地了解学生的学习情况。这些功能的完善，使得网络化平台在教育领域的应用更加广泛和深入。

（二）教学资源在数智化时代的拓展

目前，教学资源的拓展不再局限于教育领域内部，而是呈现出跨界融合的趋势。例如，将科技、艺术、文化等领域的资源引入教育领域，可以丰富教学资源的种类和内涵；将教育领域的研究成果应用于其他领域，也可以推动相关领域的创新与发展。这种跨界融合的方式有助于打破学科壁垒，促进知识的交叉与融合。

数智化时代为终身学习体系的构建提供了有力支持。通过在线学习平台、移动学习应用等数字化工具，人们可以随时随地进行学习。这种灵活的学习方式打破了传统教育的时间和空间限制，使得学习成为一种随时随地可以进行的活动。同时，在线学习平台还提供了丰富的学习资源和个性化的学习路径规划服务，帮助学习者根据自己的兴趣和需求进行自主学习。这种终身学习的理念和实践在数智化时代得到了广泛的推广和应用。

为了适应未来社会的发展需求，学校和教育者需要更加注重培养学生的创新思维、批判性思维、信息素养等能力。在现今的教学资源拓展中，需要更多地融入各种培养模式和方法。例如，在课程设计中增加创新实践环节；在教学内容中融入最新的科技动态和前沿知识；在教学方式中采用探究式学习、项目式学习等更加灵活多样的教学方法等。这些措施的实施将有助于培养学生的综合能力素质，为他们的未来发展奠定坚实的基础。

第三章　数智化背景下的教学改革理念

第一节　以学生为中心的教学理念

一、以学生为中心的教学理念概述

教学理念是指教师在教育教学活动中所秉持的关于教育目标、教学方式、学生学习等方面的基本观念和指导思想。教学理念是教育教学的灵魂，它主导着教师的教学行为，影响着学生的学习效果。

随着时代的发展，“以学生为中心”的教学理念逐渐成为现代教育的重要趋势。这一理念强调在教学过程中，学生的需求、兴趣、能力和发展应被置于中心地位，教师则作为引导者、支持者和合作者，共同促进学生的全面发展。

以学生为中心的教学理念，首先体现在对学生主体地位的尊重上。传统的教学往往以教师为中心，强调知识的传授和灌输，而忽视了学生的主体性和能动性。以学生为中心的教学理念则强调学生是学习活动的主体，具有独立思考、自主选择、自我发展的能力。以学生为中心的教学理念关注学生的全面发展，不仅仅是指知识技能的掌握，还包括情感态度、价值观、社会交往能力等多方面的发展。以学生为中心的教学理念还强调个性化教学。每个学生都有自己的学习风格、学习速度和兴趣爱好。在教学过程中，教师应根据学生的不同特点采用多样化的教学方法和手段，提供个性化的学习资源和支持，以满足他们的不同需求；教师还应关注学生的反馈和评估结果，及时调整教学策略和教学内容，以确保每个学生都能得到最大的发展。

（一）以学生为中心的教学理念的理论基础

建构主义学习理论认为学习是学习者在与环境交互作用的过程中主动地建构内部心理表征的过程。知识是学习者在一定的情境即社会文化背景下，借助其他辅助手段，利用必要的学习材料和学习资源，通过意义建构的方式获得的。建构主义学习理论强调以学习者为中心，认为“情境”“协作”“会话”和“资源”是建构主义学习环境中的基本要素或基本属性。在教学过程中，教师应鼓励学生积极参与、主动探索，通过实践、反思和交流等方式来建构自己的知识体系。

人本主义心理学也是以学生为中心的教学理念的重要理论基础。该学派强调人的自我实现和潜能开发，认为每个人都有自己独特的价值和追求。

多元智能理论也为以学生为中心的教学理念提供了有力支持。该理论认为，人的智能是多元的，包括语言智能、数学逻辑智能、音乐智能、空间智能、身体运动智能、人际交往智能和自我认知智能等多种类型。教师应认识到每个学生的智能组合都是独特的，应通过多种途径和方法来发现和培养他们的潜在智能，促进他们的全面发展。

（二）以学生为中心的教学理念的实施策略

创设良好的学习环境是以学生为中心的教学理念的重要实施策略之一，包括物质环境和心理环境两个方面。在物质环境方面，学校应提供丰富的学习资源和设备，如图书、网络、实验器材等；在心理环境方面，教师应营造宽松、和谐、积极的课堂氛围，鼓励学生表达自己的观点和想法，尊重他们的意见和选择。采用多样化的教学方法也是以学生为中心的教学理念的重要实施策略。教师应根据学生的不同特点和需求，采用讲授法、讨论法、实验法、案例分析法等多种教学方法和手段，激发学生的学习兴趣和积极性。

建立科学的评价体系是以学生为中心的教学理念的重要保障。传统的评价体系往往以考试成绩为唯一标准，忽视了学生的个体差异和全面发展；而以学生为中心的评价体系则注重过程性评价和多元化评价，关注学生的学习态度、参与程度、创新能力等多方面的表现。通过科学的评价体系，教师可以更全面地了解学生的学习情况和发展状况，为他们提供更加个性化的指导和支持。

（三）以学生为中心的教学理念的实践意义

以学生为中心的教学理念强调尊重学生的个体差异和需求，为每个学生提供个性化的学习资源和支持。这有助于打破传统教育中存在的“一刀切”现象，促进教育公平和均衡发展。以学生为中心的教学理念注重激发学生的学习兴趣和积极性，培养他们的自主学习能力和创新精神。这有助于提高教学质量和效果，使学生更好地掌握知识和技能，提高综合素质和竞争力。以学生为中心的教学理念还促进了教学方法和手段的创新和发展，为教育教学的改革和创新提供了新的思路和方向。

在快速变化的21世纪，社会需要具有创新精神、批判性思维、跨文化交流能力等多方面素质的人才。以学生为中心的教学理念关注学生的全面发展和个性化需求，为培养未来社会所需的人才提供了有力支持。

二、以学生为中心的教学理念的实施路径

为了有效实施以学生为中心的教学理念，以下是一系列具体的实施路径，旨在帮助教师和教育机构更好地落实这一理念。

第一，教育机构和教师需要深入理解以学生为中心的教学理念的内涵，包括尊重学生主体地位、关注学生全面发展、强调个性化教学等方面。只

有深刻理解这些核心理念，才能在实践中做到有的放矢。传统的教学观念往往以教师为中心，注重知识的传授和灌输；而以学生为中心的教学理念则要求教师转变观念，从“教”向“导”转变，从知识的传递者转变为学习的引导者和促进者。这种观念上的转变是实施以学生为中心教学理念的前提和基础。

课程内容的选择应紧密围绕学生的需求、兴趣和发展目标进行。教师可以通过调研、访谈等方式了解学生的需求和兴趣，结合学科特点和教学目标，选择具有时代性、前瞻性和实用性的课程内容；还需要对课程内容进行整合和优化，避免重复和冗余，提高课程的整体性和系统性。针对不同学生的个性化需求和发展特点，教师应设计多样化的课程内容和教学方式。例如，可以提供选修课程、拓展课程等多样化的课程类型，满足学生不同的兴趣和爱好；采用分层教学、个别指导等教学方式，满足不同学生的学习能力和水平。

第二，教师需要具备相应的专业素养和教学能力。为了有效实施以学生为中心的教学理念，教育机构应加强对教师的专业培训和支持力度，提高他们的教学水平和教育理念。培训内容包括课程设计、教学方法、评价策略等方面。教师之间的合作与交流也是实施以学生为中心教学理念的重要保障。教育机构应鼓励教师之间的合作与交流，建立教学团队或教研组等组织形式，共同研究教学问题、分享教学经验、提高教学水平。

第三，家庭是学生学习和成长的重要环境之一。在实施以学生为中心的教学理念过程中，教育机构需要加强与家长的沟通和合作，通过家长会、家访等方式向家长介绍教学理念、教学内容和教学方式等信息；也可以通过家长反馈了解学生在家庭中的表现和需求情况，为教学提供更加全面的支持。

社会支持也是实施以学生为中心教学理念的重要保障之一。教育机构应积极争取社会各界的支持和帮助，包括政府、企业、社会组织等。这些支持可以包括资金、资源、场地等方面的支持；也可以包括政策引导、宣传推广等方面的支持。通过与社会各界的紧密合作，可以为实施以学生为中心的教学理念创造更加有利的环境和条件。

第四，关注学生的心理健康同样重要。教育机构应加强心理健康教育，帮助学生建立正确的自我认知、情绪管理和压力应对能力。通过开设心理健康课程、开展心理咨询和辅导等方式，为学生提供必要的心理支持和帮助。除了学业成绩外，学生的全面发展也是以学生为中心教学理念的重要目标。教育机构应关注学生的兴趣爱好、特长发展和社会实践能力等方面的培养。通过组织丰富多彩的课外活动、社会实践和志愿服务等方式，为学生提供展示自我、锻炼能力的平台，促进他们的全面发展。

第五，师生互动是构建学习共同体的关键。教师应积极与学生建立良好的师生关系，关注学生的情感需求和个性差异，鼓励他们表达自己的观点和想法；教师还应成为学生学习的伙伴和引导者，与他们共同探索知识、解决问题。

生生互动也是构建学习共同体的重要方面。通过小组合作学习、同伴评价等方式，学生可以相互学习、相互帮助、相互激励。在互动过程中，学生可以学会倾听、表达和协作等社交技能，培养团队精神和合作意识。这种生生互动不仅有助于提高学生的学业成绩，还有助于培养他们的社会交往能力和促进情感发展。

三、以学生为中心的教学理念的评价标准

在当代教育领域，以学生为中心的教学理念正逐步成为教育改革的核心驱动力。这一理念强调将学生置于教育的中心，关注其个体差异、兴趣、能力及发展需求，旨在培养具有创新精神、批判性思维和自主学习能力的终身学习者。然而，如何评估以学生为中心的教学实践是否达到预期效果，成为教育评价领域的重要议题。

（一）学生参与度与主动性

学生参与度是衡量以学生为中心教学成效的首要标准，包括学生在课堂上的发言次数、小组讨论的活跃程度、对学习任务的投入度等。高参与度表明学生被教学活动所吸引，愿意主动投入时间和精力去学习，这是实现深度学习的重要前提。

以学生为中心的教学应激发学生的内在学习动机，促使他们主动学习而非被动接受。评价标准包括学生自发提问的频率、课外探究活动的参与度、对学习资源的主动利用等。这些行为体现了学生对知识的渴望和追求，是评估其学习主动性的重要指标。

（二）个性化与差异化教学

以学生为中心的教学要求教师根据学生的个体差异设计教学内容和方法。评价标准应关注教学内容是否满足学生的不同需求，教学方法是否灵活多样，能否激发学生的学习兴趣和潜能等。例如，通过提供多样化的学习资源、实施分层教学或个别指导等方式，实现教学内容的个性化定制。

每个学生都有自己独特的学习节奏和目标。以学生为中心的教学应允许学生根据自己的实际情况调整学习进度和设定学习目标。评价标准包括学生是否能在教师的指导下制订合理的学习计划、是否能够根据自己的进度灵活调整学习内容等，体现了对学生个体差异的尊重和支持。

（三）批判性思维与创新能力的培养

批判性思维是现代社会所需的重要能力之一。以学生为中心的教学应鼓励学生质疑、分析和评价信息，形成独立的见解和判断。评价标准包括学生在讨论中能否提出有见地的问题、能否运用所学知识分析复杂问题、能否对他人观点进行有理有据的批判等。

创新能力是推动社会进步和个人发展的重要动力。以学生为中心的教学应为学生提供自由探索和尝试的空间，鼓励他们发挥想象力和创造力。

评价标准包括学生能否提出新颖的想法和解决方案、能否在实验中发现新的现象或规律、能否将所学知识应用于实际生活中等。

（四）自主学习与合作学习能力

自主学习是以学生为中心教学的核心目标之一。评价标准应关注学生是否具备独立学习的能力，包括制订学习计划、选择学习资源、监控学习过程和评估学习成果等。这些能力有助于学生形成终身学习的习惯，适应快速变化的社会环境。

合作学习是促进学生社会交往和团队协作能力的重要途径。评价标准应关注学生在小组合作中的表现，包括能否积极参与讨论、能否有效沟通协作、能否尊重他人意见并达成共识等。这些能力有助于学生建立良好的人际关系，为未来的职业生涯打下坚实的基础。

（五）学习成效与反馈机制

学习成效是评估以学生为中心教学效果的最终标准。评价标准应关注学生的学习成果是否达到预期目标，包括知识掌握程度、技能提升情况、思维能力发展等。这些成果可以通过考试、作业、项目展示等多种方式进行评估。

有效的反馈机制有助于教师及时了解教学情况并做出调整。评价标准应关注学校是否建立了完善的反馈机制，包括学生对教学的反馈、教师对学生学习情况的反馈以及学校对教学质量的监控等。这些机制有助于形成持续改进的教学环境，促进以学生为中心教学理念的深入实施。

四、以学生为中心的教学理念在数智化时代的意义

数智化时代为教育带来了前所未有的机遇与挑战，而以学生为中心的教学理念则成为应对这些变化、推动教育创新与发展的核心动力。其意义如下：

（一）适应个性化学习需求

大数据和人工智能技术为精准识别学生的个体差异提供了可能，通过收集和分析学生在学习过程中的各种数据，如学习行为、兴趣偏好、能力水平等，可以构建出每个学生的个性化学习画像。同时，智能教学系统还能根据学生的实时反馈和学习表现动态调整教学策略。

以学生为中心的教学理念强调尊重学生的个体差异，利用这些技术成果，教师可以更加精准地了解每个学生的学习需求，从而为他们量身定制教学内容和策略；可以根据学生的不同需求，调整教学的难度和进度，提供多样化的学习资源和路径。

（二）促进自主学习与终身学习

以学生为中心的教学理念注重培养学生的自主学习能力与终身学习能力，使他们能够主动获取、整合和应用新知识。通过提供丰富的学习资源和开放的学习环境，以及互联网、多媒体等进行教学设计规划，教师可以引导学生学会如何学习，掌握自主学习技巧和方法。这种理念不仅有助于学生自主学习知识，还能为他们未来的终身学习奠定坚实的基础，促进学生自主学习与终身学习习惯的养成。

（三）推动教育公平与包容性

互联网和智能技术的普及使得教育资源得以跨越地域限制进行共享。学校及教育机构通过利用这些技术优势，推动教育资源的均衡分配，为偏远地区和弱势群体提供更多优质的教育机会。学生可以通过网络平台接触到丰富的课程资源和学习工具，享受到与城市学生同等质量的教育服务，从而实现教育公平。

以学生为中心的教学理念还强调教育的包容性，即尊重并满足所有学生的学习需求。智能技术为有特殊教育需求的学生提供了更多支持，如通过语音识别和合成技术，可以为视力障碍学生提供有声读物；通过虚拟现实技术，可以为身有残疾的学生提供身临其境的学习体验。这些技术的应用使得教育更具包容性与人性化，使得每个学生都能找到适合自己的学习方式。

（四）培养适应未来社会的人才

以学生为中心的教学理念注重培养学生的综合素养，包括批判性思维、创新思维、沟通能力、团队协作能力等。这些素养是未来社会所需的关键能力。通过以学生为中心的教学实践，学生可以在参与讨论、合作完成项目等活动中不断锻炼和提升自己的能力，为适应未来社会的发展做好准备。

第二节　能力本位教学目标

一、能力本位教学目标的定义与特点

（一）能力本位教学目标的定义

能力本位教育是一种围绕职业工作岗位所要求的知识、技能和能力组织课程与教学的教学体系，其核心在于将培养学生的职业能力作为职业技术教育的根本目的。在能力本位教育中，教学目标不再仅仅局限于传统学科知识的传授，而是更加关注学生在实际工作岗位上所需具备的各种能力。这些能力包括与本职相关的知识、态度、经验以及反馈（评价、评估）等多个方面，共同构成了一个综合的职业能力体系。

具体而言，能力本位教学目标是指根据职业岗位需求，明确学生应达到的能力标准，并以此为依据设计教学内容、方法和评估体系。这些能力标准通常是通过行业专家对岗位群进行细致分析后确定的，涵盖了从事该行业所必需的各项能力要素。学校则根据这些能力标准组织相关教学人员

设置课程、组织教学内容，并通过多种评价方式考核学生是否达到这些能力要求。

（二）能力本位教学目标的特点

能力本位教育的最大特点在于其整个教学目标的基点是如何使受教育者具备从事某一种职业所必需的能力。这种能力不仅仅是指单一的技能或知识，而是一种综合的职业能力，包括与本职相关的知识、态度、经验和反馈等多个方面。因此，在制订教学目标时，能力本位教育强调以能力为核心，将能力作为教学的基础和评价的标准。与传统的教学目标相比，能力本位教学目标更加明确与具体，它不再是模糊的知识点或技能点，而是通过行业专家对岗位群进行细致分析后确定的具体能力标准。这些能力标准具有可操作性和可测量性，能够清晰地指导教学活动的开展和学生学习的方向。同时，明确具体的能力标准也为教学评估和反馈提供了可靠的依据。

能力本位教育强调个性化与差异化教学。由于每个学生的能力水平和兴趣爱好不同，教师在教学过程中需要充分考虑学生的个体差异和需求。能力本位教育通过制订个性化的教学计划、提供多样化的学习资源和采用灵活多样的教学方式等方法，满足不同学生的学习需求和发展方向。能力本位教育的教学目标是以职业分析为基础的。在制订教学目标之前，学校需要聘请行业中具有代表性的专家组成专业委员会，对岗位群进行细致分析，确定从事该行业所应具备的能力要素和要求。这些能力要素和要求将成为制订教学目标的重要依据。通过职业分析，能力本位教育能够确保教学目标与职业岗位的实际需求紧密相关，从而提高学生的就业竞争力和适应能力。

能力本位教育通常采用模块化课程设置的方式来实现教学目标。根据能力标准的要求，学校将相关知识点和技能点组合成若干个教学模块或单元。每个模块或单元都围绕一个具体的能力要素开展教学活动，通过完成一系列的学习任务和实践项目来培养学生的相关能力。模块化课程设置使得教学内容更加紧凑、有序，有助于学生系统地掌握所需的知识和技能。能力本位教育强调实践与应用的重要性。在教学过程中，学校注重将理论知识与实践技能训练相结合，通过模拟实际工作场景、开展项目合作和实习实训等方式来提高学生的实践能力和应用能力。

能力本位教育注重评价与反馈在教学过程中的作用。学校采用多种评价方式对学生的学习效果进行全面评估，包括自我评价、同伴评价、教师评价和行业专家评价等。学校还注重及时反馈学生的学习情况和进步情况，帮助学生及时发现问题并采取措施加以改进。能力本位教育采用灵活多样的教学形式来满足不同学生的学习需求和发展方向。除了传统的课堂教学外，学校还可以利用现代信息技术手段开展线上教学、混合式教学等多种形式的教学活动；还可以根据学生的实际情况和需求灵活调整教学计划和进度安排等内容。这种灵活多样的教学形式有助于激发学生的学习兴趣和动力，提高他们的学习效果和满意度。

二、能力本位教学目标的应用

在高职教育领域，计算机类专业作为与时代发展紧密相连的学科，其教学目标与方法的革新尤为重要。能力本位教学目标以其对职业能力的精准定位与培养，成为高职计算机类专业教学改革的重要方向。

能力本位教学目标，是以培养学生的职业能力为核心，通过明确具体的能力标准来指导教学活动的设计与实施。这种教学模式强调学生不仅要掌握扎实的理论知识，更要具备将知识转化为实践的能力，以及适应未来职业发展的综合素养。在高职计算机类专业中，能力本位教学目标具体体现在以下几个方面：

①技术能力：包括编程语言掌握、软件开发、数据库管理、网络安全等专业技能。

②问题解决能力：面对复杂问题时，能够运用所学知识进行分析、判断与解决。

③团队合作能力：在软件开发等团队项目中，具备良好的沟通协调能力和协作精神。

④创新能力：能够提出新观点、新方法，推动技术或产品的创新。

⑤持续学习能力：适应计算机技术快速发展的特点，具备自主学习的能力和习惯。

（一）能力本位教学目标在高职计算机类专业中的应用

在高职计算机类专业中，能力本位教学目标要求课程体系紧密围绕职业岗位需求进行构建。首先，通过行业调研和专家咨询，明确计算机类专业毕业生应具备的各项能力标准。其次，根据这些能力标准，将课程内容划分为若干个教学模块或单元，每个模块或单元都对应一个或多个具体的能力要素。例如，在软件开发方向，可以设置编程语言基础、数据结构、算法设计、软件开发流程、软件测试等模块，每个模块都旨在培养学生的特定技术能力。为了实现能力本位教学目标，高职计算机类专业需要不断创新教学方法。一方面，注重理论与实践相结合，通过案例分析、项目实践等方式，让学生在解决实际问题的过程中提升技能水平。另一方面，采用翻转课堂、混合式学习等新型教学模式，激发学生的学习兴趣和主动性。此外，还可以利用虚拟仿真技术、在线学习平台等现代信息技术手段，为学生提供更加灵活多样的学习方式与更多资源。

实践教学是能力本位教学目标实现的关键环节。高职计算机类专业应加大实践教学环节的比重，通过校企合作、实训基地建设等方式，为学生提供更多的实践机会。例如，与 IT 企业合作开展订单式培养，让学生在校期间就能参与到企业的真实项目中；或者建立校内实训基地，模拟企业工作环境，让学生在仿真的环境中进行软件开发、测试等实践活动。

能力本位教学目标要求建立科学、全面的教学评价体系。在高职计算机类专业中，教学评价体系应涵盖多个方面：一是对学生技能水平的考核，包括理论考试、技能操作等；二是对学生综合素质的评估，包括团队合作能力、创新能力、持续学习能力等；三是对教学效果的反馈与提升，通过学生评价、同行评价等方式收集反馈信息，及时调整和优化教学方案。

（二）能力本位教学目标在高职计算机类专业中的积极影响

能力本位教学目标注重培养学生的职业能力，使学生具备与社会需求相匹配的技能水平和综合素养。这有助于提升学生的就业竞争力，使他们在求职过程中更具优势。同时，通过实践教学环节的强化，学生还能积累丰富的实践经验，为未来的职业发展打下坚实的基础。能力本位教学目标的实施需要不断进行教学改革与创新，促使高职计算机类专业不断探索新的教学理念、方法和手段，以适应时代发展对人才的需求变化。

能力本位教学目标强调实践教学的重要性，这促使高职计算机类专业积极寻求与企业的合作机会。通过校企合作、产教融合等方式，学校可以引入企业的真实项目和技术资源，为学生提供更加贴近市场需求的实践机会；企业能借助学校的师资力量和教学资源，实现技术创新和人才培养的双赢局面。

能力本位教学目标不仅关注学生的当前就业需求，还注重培养学生的可持续发展能力。通过培养学生的创新能力、持续学习能力等综合素养，使他们能够在未来的职业生涯中不断适应新技术、新环境和新挑战的要求，实现个人价值的最大化。

三、能力本位教学目标与学生职业发展的关系

在当今快速变化的职业环境中，学生的职业发展已成为教育体系中不可忽视的重要议题。能力本位教学目标作为一种以培养学生职业能力为核心的教学模式，与学生职业发展之间存在着紧密而深刻的联系。

能力本位教学目标是以培养学生的职业能力为导向，通过明确具体的能力标准来指导教学活动的设计与实施。能力本位教学目标要求根据职业岗位的需求，明确学生应具备的各项能力标准，这些标准具有可操作性和可测量性。教学内容需紧密围绕能力标准展开，确保学生能够在学习过程

中逐步掌握所需的知识和技能。采用多种教学方法和手段，如案例分析、项目实践、翻转课堂等，以适应不同学生的学习需求和能力水平。建立科学、全面的教学评价体系，不仅关注学生的学习成果，还关注其学习过程和能力发展。

（一）能力本位教学目标与学生职业发展的关系

能力本位教学目标通过培养学生的职业能力，直接提升学生的职业竞争力。在高职计算机类专业中，这意味着学生将掌握扎实的编程技能、软件开发能力、数据库管理技术等专业技能，这些技能是计算机行业对从业人员的基本要求。学生还将具备问题解决能力、团队合作能力和创新能力等综合素养，这些素养在职业生涯中同样具有重要意义。具备这些能力的毕业生在求职市场上将更具竞争力，更容易获得用人单位的青睐。能力本位教学目标注重培养学生的持续学习能力和适应能力，使他们能够在职业生涯中不断适应新技术、新环境和新挑战的要求。通过实践教学环节的强化和与行业企业的紧密合作，学生能够在校期间就接触到真实的职业场景和工作任务，从而提前适应职场环境。此外，能力本位教学目标还鼓励学生进行自主学习和探索，培养他们的创新意识和创新能力，为未来的职业发展奠定坚实基础。

能力本位教学目标的实现离不开校企合作与产教融合的深入发展。通过与企业建立紧密的合作关系，学校可以引入企业的真实项目和技术资源用于教学实践；企业则可以利用学校的师资力量和教学资源进行技术创新和人才培养。这种合作模式不仅有助于提升学生的职业能力和就业竞争力，还有助于推动行业的发展和进步。同时，校企合作与产教融合还能够促进教育资源的优化配置和高效利用，实现教育与产业的良性互动和共同发展。

（二）实施能力本位教学目标的策略与建议

在实施能力本位教学目标之前，学校应加强对行业发展趋势和用人需求的调研与分析工作。通过了解行业对人才的具体要求和能力标准，学校可以更加精准地制订教学计划和课程设置方案，确保教学内容与职业岗位的实际需求紧密对接。根据能力本位教学目标的要求，学校应不断优化课程体系和教学内容。一方面要精减不必要的理论课程内容，增加实践教学环节的比重；另一方面要注重课程之间的衔接和整合工作，形成系统化、模块化的课程体系结构。同时还应关注新技术、新工艺和新方法的发展动态，及时更新教学内容和技术手段，以保持教学内容的先进性和实用性。

为了实现能力本位教学目标的要求，学校应不断创新教学方法和手段以提高教学效果和质量，还应充分利用现代信息技术手段，如虚拟仿真技术、在线学习平台等，为学生提供更加灵活多样的学习方式和资源支持。

建立完善的教学评价体系是实施能力本位教学目标的重要保障之一。学校应建立多元化的教学评价体系，包括学生评价、教师评价、同行评价和企业评价等多个方面；还应注重过程性评价和结果性评价相结合，以全面反映学生的学习效果和能力发展水平；最后还应根据评价结果及时调整和优化教学方案，以确保教学目标的实现和持续改进。

第三节　实践导向教学法

一、实践导向教学法的定义和原理

当今社会，随着科技的飞速发展和职业环境的不断变化，教育领域对于实践教学的重视程度日益提升。实践导向教学法是一种以培养学生实践能力和解决实际问题为目标的教学方法，其内涵丰富、特点鲜明，对于提升学生的综合素质具有重要意义。

（一）实践导向教学法的定义

实践导向教学法是指将理论与实践相结合，以实际问题为导向，培养学生解决问题和应用知识的能力的教学方法。通过实际操作、实地考察、实践项目等方式，让学生将所学知识应用到实际情境中，并通过反思和总结不断提升自己的实践能力。

（二）实践导向教学法的原理

1. 学习的主动性原理

实践导向教学法强调学生的主体地位，鼓励学生主动参与实践活动，通过自主探究和解决问题来促进学习。

2. 知识与实践的紧密联系原理

实践导向教学法注重将理论与实践相结合，让学生通过实际操作和应用解决问题的方式，加深对知识的理解和掌握。

3. 团队合作交流原理

实践导向教学法倡导学生之间的合作和交流，通过小组合作、团队项目等方式，培养学生的团队合作能力和沟通能力。

二、实践导向教学内容在高职计算机类专业中的实施

随着信息技术的迅猛发展，计算机行业对人才的要求已从单一的技能掌握转向综合实践能力和创新能力的全面提升。如何在高职计算机类专业中有效实施实践导向教学法，成为当前教育改革的重要课题。

（一）实施背景

随着信息技术的广泛应用和产业升级，计算机行业对人才的需求发生了深刻变化。企业不再仅仅需要掌握基础编程技能的员工，而是更加青睐具备项目实践经验、能够解决实际问题的复合型人才。这种需求变化要求高职计算机类专业必须调整教学内容和方式，加强实践教学环节，提高学生的实践能力。

随着教育理念的更新和发展，传统的以知识传授为主的教学模式已难以满足现代职业教育的需求。实践导向教学法强调以学生为中心，注重培养学生的实践能力和创新精神。因此，实施实践导向教学法成为高职计算机类专业的必然选择。

（二）实施策略

1. 创设实践环境

为学生提供符合实际情境的实践环境，比如实验室、实地考察等，让学生能够亲身参与实践活动。

2. 引导问题意识

通过提出问题、讨论问题等方式，培养学生解决问题的能力和探究精神。

3. 项目化学习

将课程设计为项目，让学生通过实践项目的完成来学习和应用知识，提高实践能力。

4. 反思与总结

学生在完成实践活动后，进行反思和总结，分析问题的解决过程和方法，从实践中获取经验和教训。

（三）实施效果

实践导向教学法的实施显著提升了高职计算机类专业学生的实践能力。学生通过参与实验、实训、项目实践等环节，掌握了基础的实践技能和解决问题的能力。实践导向教学法的实施还增强了高职计算机类专业学生的就业竞争力。由于学生在校期间已经积累了丰富的实践经验和项目经验，因此他们在就业市场上更具竞争力。许多企业都愿意招聘具有实践经验和项目经验的毕业生来填补岗位空缺或参与项目开发工作。

实践导向教学法的实施促进了高职计算机类专业教学质量和效果的提升。通过优化课程体系、创新教学方法、建设实践教学平台和加强师资队伍建设等措施的实施，使得教学内容更加贴近行业需求和学生实际，教学过程更加生动有趣且富有成效。

三、实践导向教学法的改革与创新

（一）实践导向教学法改革的必要性

随着信息技术的不断进步和产业升级，企业越来越注重人才的实践能力、创新能力和团队合作精神等多方面的提升和发展，而不仅仅只是掌握理论知识。传统的教学模式已难以满足市场需求，必须进行实践导向教学法的改革。

现代学生更加注重个性化和多元化的发展，他们渴望通过实践来检验和巩固所学知识，提升自己的综合素质。实践导向教学法的改革为学生提供更多动手操作的机会，激发他们的学习兴趣和创造力，促进他们的全面发展。

随着教育理念的更新，越来越多的教育者认识到实践导向教学法在高等教育中的重要性。实践导向教学法强调“做中学、学中做”，通过实践来促进学生的知识内化和技能提升，符合现代教育理念的要求。

（二）实践导向教学法的改革方向

增加实践教学课程的比重，将理论教学与实践教学紧密结合。通过设计贴近实际工作场景的项目和任务，让学生在实践中学习理论知识，在理论指导下进行实践操作，形成理论与实践相互促进的良性循环。根据市场需求和学生发展需求，学校应对现有的课程体系进行优化调整。构建模块化、项目化的课程体系，将课程内容划分为若干个相对独立但又相互关联的教学模块，每个模块都围绕一个具体的实践项目展开；注重课程之间的衔接与融合，形成完整的实践教学体系。

采用多样化的教学方法和手段，如案例教学法、项目式教学法、翻转课堂等，激发学生的学习兴趣和主动性。利用现代信息技术手段，如虚拟仿真技术、在线学习平台等，为学生提供更加便捷、高效的实践学习环境。同时，鼓励学生参与科研项目和技术开发等活动，提升他们的实践能力和创新能力。

第四节　混合式教学模式

一、混合式教学模式的定义与特点

在教育领域，随着信息技术的飞速发展和教育理念的不断更新，混合式教学模式作为一种新型的教学方式逐渐受到广泛关注。

（一）混合式教学模式的定义

混合式教学模式，是将传统面授教学与在线网络教学的优势结合起来的一种教学模式。它旨在通过融合两者的优势，为学生提供更加丰富、灵活和个性化的学习体验。具体来说，混合式教学模式既包含了教师在实体教室中的面对面授课，也涵盖了学生通过网络平台进行的自主学习、在线讨论、协作学习等活动。

（二）混合式教学模式的特点

混合式教学模式的最大特点之一是其高度的灵活性和个性化，并充分利用互联网和多媒体技术的优势，整合了丰富的教学资源和学习工具。它打破了传统面授教学在时间和空间上的限制，允许学生根据自己的学习进度和兴趣选择在线学习的时间和地点。教师可以根据学生的学习情况和需求制订个性化的教学计划和学习资源，进行课程管理、作业布置和在线辅导等工作；学生可以通过网络平台获取到最新的教学资料、视频教程、在线测试和模拟实验等资源，进行在线讨论、协作学习和资源共享等活动，与教师和同学进行交流和互动。

混合式教学模式注重对学生学习过程的监督和评估。通过在线学习平台的数据分析功能，教师可以实时掌握学生的学习进度和学习情况，及时发现和解决学生在学习过程中遇到的问题；学生可以通过平台进行自我评估和反思，了解自己的优势和不足，制订合理的学习计划和目标。

（三）混合式教学模式的优势

混合式教学模式有助于激发学生的学习兴趣和动力，提高学习的积极性和主动性，还能促进学生的深度学习和高阶思维发展。混合式教学模式通过在线学习平台实现资源共享和复用，能够节省大量的教育资源和成本。教师可以通过网络平台进行远程授课和辅导工作，降低了教学成本和交通费用等支出；学生可以通过网络平台获取到丰富的教学资源和学习工具，避免了传统面授教学中教材、教具等资源的浪费。

混合式教学模式打破了地域和时间的限制，使得更多的人能够享受到优质的教育资源和服务。特别是偏远地区和农村地区的学生，他们可以通过网络平台享受与城市学生相同的教育资源和课程服务。

（四）混合式教学模式的实施挑战及解决方案

1. 技术挑战

混合式教学模式依赖于技术设备和在线平台的支持，因此，技术挑战是实施混合式教学不可回避的问题。学生和教师在使用技术设备和在线平台方面可能遇到困难，这可能会影响到教学的顺利进行。

其解决方案是提供全方位的技术培训和支持。学校可以组织相关的培训课程，帮助教师和学生掌握技术设备和在线平台的使用方法。此外，学校还可以成立技术支持团队，及时解决技术故障，并提供技术支持。

2. 智能教学资源挑战

混合式教学模式中，智能教学资源的开发和应用是非常重要的，这要求学校拥有一支专业的教师团队和良好的教学资源。

其解决方案是学校应加强对教师的培训，提高他们的教学设计和资源开发能力；学校可以与教育科技公司合作，引入优质的智能教学资源，丰富教学内容。此外，学校还可以鼓励教师进行教学资源的共享和交流，提高整体教学水平。

3. 评估方法挑战

混合式教学模式中，传统的考试评估方法不再适用，学生的学习成果很难通过传统的笔试来准确评估。因此，评估方法是实施混合式教学时需要解决的一个重要问题。

其解决方案是学校可以探索多元化的评估方法。除了传统的笔试，学校可以引入口头报告、小组讨论、研究项目等方式来评估学生的学习成果。此外，学校还可以利用在线平台提供的自动化评估工具，对学生的学习效果进行评估。

二、混合式教学模式在高职计算机类专业中的应用及优势

在高职计算机类专业中，课程体系需要根据行业需求和学生特点进行重构。混合式教学模式的应用使得课程体系更加灵活与多样化。例如，可以将部分理论课程放在线上进行自主学习，而将实践性强、需要面对面指导的课程放在线下进行；可以引入行业前沿技术和案例，丰富课程内容，使学生能够更好地适应市场需求。混合式教学模式充分利用了在线学习平台的优势，整合了丰富的教学资源。教师可以利用 MOOC（大型开放式网络课程）、SPOC（小规模限制性在线课程）等平台发布教学视频、课件、习题等资源，供学生自主学习。这些资源的整合不仅丰富了教学手段，也提高了教学效果。

混合式教学模式通过整合线上线下资源，使得教学更加生动、直观和高效。学生可以在课前通过自主学习掌握基础知识，课中通过教师的讲解和互动解决疑难问题，课后通过在线资源进行复习和巩固。混合式教学模

式注重培养学生的自主学习能力。学生可以根据自己的时间和进度进行在线学习，自主掌握学习节奏和内容。混合式教学模式通过线上线下相结合的方式促进了师生、生生之间的互动与协作。在线上平台中，学生可以随时向教师提问、与同学讨论；在线下课程中，教师可以通过面对面的方式给予学生更直接、具体的指导和帮助。

三、混合式教学模式与学生自主学习能力

在 21 世纪的教育体系中，培养学生的自主学习能力已成为一个核心目标。混合式教学模式作为一种融合传统面授教学与在线网络教学优势的新型教学模式，为学生自主学习能力的培养提供了强有力的支持。

（一）混合式教学模式与学生自主学习能力的培养

混合式教学模式通过多样化的教学资源和活动设计，能够激发学生的学习兴趣和好奇心。在线学习平台上的视频、动画、模拟实验等多媒体资源，使抽象的知识变得生动直观、易于理解。教师可以根据学生的兴趣点设计学习任务和项目，让学生在解决问题的过程中体验到学习的乐趣和成就感，从而增强学习动力。

在混合式教学模式下，学生需要主动参与到学习过程中来，完成在线预习、复习、测试等任务。这种学习方式要求学生具备较强的自我管理和自主学习能力。通过教师的引导和监督，学生可以逐渐养成良好的自主学习习惯，如制订学习计划、合理安排时间、自主选择学习资源等。

混合式教学模式要求学生具备一定的信息素养，包括信息获取、筛选、整合和应用的能力。在在线学习过程中，学生需要学会利用搜索引擎、数据库等工具获取所需信息；还需要具备批判性思维能力，对获取到的信息进行评估和分析，形成自己的观点和判断。

混合式教学模式中的小组讨论、在线协作等活动为学生提供了与他人交流、合作的机会。在这些活动中，学生要学会倾听他人的意见、表达自

己的观点、协调团队内部的分歧等。这些经历有助于提升学生的协作与沟通能力，为其未来在社会中的发展奠定良好的基础。

（二）混合式教学模式实施策略

在实施混合式教学模式时，教师应明确教学目标和任务，确保线上线下教学内容的一致性和连贯性；教师应根据学生的学习情况和需求制订个性化的学习任务和项目，以激发学生的学习动力和兴趣。

教师应充分利用互联网和多媒体技术的优势，整合优质的教学资源和工具。在选择在线学习平台时，应注重平台的易用性、稳定性和互动性；还需关注平台上的教学资源是否丰富、更新及时以及是否能够满足学生的学习需求。

在混合式教学模式下，教师应加强与学生的互动和反馈。在线上学习中，教师可以通过讨论区、在线问答等方式及时解答学生的疑问；在线下教学中，教师应关注学生的学习状态和进度，给予个性化的指导和帮助；还应建立有效的评价机制，对学生的学习成果进行客观、公正的评价和反馈。

教师应注重培养学生的自主学习能力。教师可以通过引导学生制订学习计划、自主选择学习资源、自我监控学习进度等方式来培养学生的自主学习能力。

第五节　个性化学习路径

一、个性化学习路径的内涵与特点

在当今教育领域，个性化学习路径作为一种新兴的教学理念，正逐渐受到广泛关注和实践。它强调以学习者的需求、兴趣、学习风格和能力为基础，为每个学习者量身定制独特的学习路径，以实现最优化的学习效果。

（一）个性化学习路径的内涵

个性化学习路径，是指根据学习者的个体差异和独特需求，设计并实施的一种量身定制的学习方案。其内涵丰富，涵盖了多个方面：

个性化学习路径的核心在于将学习者置于学习的中心地位。这意味着教育者需要充分了解学习者的学习风格、兴趣、能力、需求等个体差异，以此为基础来设计学习内容和活动。学习者不再是被动接受知识的对象，而是主动参与到学习过程中，根据自己的实际情况选择适合自己的学习路径。个性化学习路径强调为每个学习者定制独特的学习计划。这个计划应充分考虑学习者的学习起点、学习目标、学习速度和学习风格等因素，确保学习内容和活动既符合学习者的实际情况，又能有效激发其学习兴趣和动力。

个性化学习路径要求提供多样化的学习资源，以满足学习者的不同需求。这些资源包括纸质教材、电子书籍、在线课程、模拟实验、互动游戏等多种形式。学习者可以根据自己的兴趣和偏好选择合适的资源进行学习，从而提高学习效率和效果。同时，多样化的学习资源也有助于拓宽学习者的视野和知识面。

个性化学习路径强调对学习者学习过程的实时反馈和评估。教育者需要利用技术手段收集学习者的学习数据，包括学习进度、成绩表现、学习行为等，以便及时了解学习者的学习状况和需求。通过实时反馈和评估，教育者可以为学习者提供个性化的指导和建议，帮助他们调整学习策略和方法，提高学习效果。

（二）个性化学习路径的特点

个性化学习路径的最大特点在于其针对性强。它根据学习者的个体差异和独特需求来制订学习计划和提供学习资源，因此能够更加精准地满足学习者的学习需求。这种针对性强的学习方式有助于激发学习者的学习兴趣和动力，提高学习效率和效果。

个性化学习路径具有较高的灵活性。它允许学习者根据自己的实际情况选择适合自己的学习时间和地点，以及调整学习进度和难度。这种灵活性有助于学习者更好地平衡学习与生活的关系，减少学习压力，提高学习满意度。

个性化学习路径强调学习者与教育者之间的互动。通过在线讨论、小组讨论、个别辅导等方式，学习者可以与教育者和其他学习者进行交流和合作，分享学习经验和资源。

个性化学习路径具有广泛的适应性。它可以应用于不同的学科领域和年级阶段，为不同类型的学习者提供个性化的学习支持。无论是中小学生还是大学生，无论是文科还是理科，都可以通过个性化学习路径来实现自我提升和发展。

（三）个性化学习路径的实施策略

实施个性化学习路径的首要任务是深入了解学习者。教育者需要通过问卷调查、测试、观察等多种方式收集学习者的学习数据和信息，包括学习风格、兴趣、能力、需求等方面。只有充分了解学习者的个体差异和独特需求，才能为其制订合适的学习计划，提供个性化的学习资源。

在深入了解学习者的基础上，教育者需要为每个学习者制订个性化的学习计划。这个计划应明确学习目标、学习内容、学习方式、学习时间等方面的具体要求，并根据学习者的实际情况进行动态调整。教育者还需要与学习者进行充分的沟通和协商，确保学习计划符合其需求和期望。教育者需要根据学习者的学习计划和需求来筛选和推荐合适的资源，并引导学习者有效地利用这些资源进行学习。

实时反馈与评估是实施个性化学习路径的重要环节。通过实时反馈和评估，教育者可以及时了解学习者的学习状况和需求，并为其提供个性化的指导和建议。教育者还需要根据学习者的反馈和评估结果来调整学习计划与提供个性化的学习资源。

学习者之间的互动与合作是实施个性化学习路径的重要方式之一。教育者可以通过组织小组讨论、在线讨论、个别辅导等方式来促进学习者之间的互动与合作。这些活动有助于学习者分享学习经验和资源，促进思维碰撞和知识共享，提高学习效果和创新能力。

二、个性化学习路径在高职计算机类专业中的实施

在现今这个飞速发展的时代，如何培养具有创新精神和实践能力的高素质计算机专业人才，成为高职教育领域亟待解决的问题。个性化学习路径作为一种以学生为中心的教学模式，为高职计算机类专业的教学改革提供了新的思路和方法。

（一）高职计算机类专业个性化学习路径的实施策略

1. 明确教学目标与定位

高职计算机类专业需要明确教学目标和定位，即培养什么样的人才以及这些人才应具备哪些核心能力和素质。这有助于为个性化学习路径的设计提供方向和指导。

2. 分析学生需求与特点

通过问卷调查、访谈、测试等方式，全面了解学生的编程基础、学习风格、兴趣爱好以及未来职业规划等方面的信息。这些信息是制订个性化学习路径的重要依据。

3. 设计个性化学习方案

基于学生需求与特点的分析结果，设计个性化的学习方案。这包括：

定制学习路径：根据学生的基础和能力水平，为其推荐适合的学习资源和路径。例如，对于编程基础较弱的学生，可以先从基础的语法和算法开始学习；而对于有一定基础的学生，则可以直接进入项目实践阶段。

提供多样化学习资源：包括电子教材、在线课程、教学视频、模拟实验、项目案例等多种形式的学习资源。学生可以根据自己的需求和兴趣选择合适的资源进行学习。

设置阶段性目标：将长期的学习目标分解为若干个短期目标，帮助学生逐步达成。每个阶段结束后进行阶段性评估，以便及时调整学习路径。

4. 建立互动交流平台

建立在线学习平台或利用现有的教学管理系统，为学生提供互动交流的空间。学生可以在平台上提问、讨论、分享学习心得等，与教师和同学建立联系，形成良好的学习氛围。

5. 实施多元化评价

采用多元化评价方式，不仅关注学生的知识技能掌握情况，还重视学生的综合素质、创新能力等方面的评价。评价方式可以包括：

过程性评价：关注学生的学习过程和学习态度，通过作业、讨论、课堂表现等形式进行评价。

结果性评价：通过项目考核、期末考试等形式，评价学生的知识技能掌握情况。

同伴评价和自我评价：鼓励学生之间进行互评和自我评价，促进学生的学习和成长。

（二）个性化学习路径在高职计算机类专业中的效果评估

个性化学习路径能够根据学生的个体差异和需求提供具有针对性的学习资源和指导，有助于提高学生的学习效果。学生可以根据自己的学习进度和兴趣进行学习，更加积极和主动地投入到学习中去。学生可以在自己感兴趣的领域进行深入学习和探索，培养创新思维和实践能力。

个性化学习路径不仅关注学生的知识技能掌握情况，还重视学生的综合素质、创新能力等方面的培养。通过项目实践、团队合作等形式，学生可以锻炼自己的沟通能力、协作能力和解决问题的能力。个性化学习路径的实施需要对现有的教学资源进行整合和优化。通过引入在线课程、教学视频等数字化资源，可以丰富教学内容和形式，提高教学效果和资源的利用效率。

在个性化学习路径中，教师的角色从传统的知识传授者转变为学习引导者和支持者。教师需要关注学生的个体差异和需求，提供个性化的指导和支持；还需要不断学习和更新自己的知识和技能，以适应教学改革的需要。

三、个性化学习路径与学生个体差异的适应性

随着对学生主体性的日益重视，个性化学习路径作为一种新兴的教学模式，正逐步成为教育改革的重要方向。特别是在高职计算机类专业中，面对学生多样化的学习背景、兴趣偏好、认知能力及未来职业规划，个性化学习路径的引入显得尤为重要。

（一）学生个体差异的多样性

学生个体差异是教育过程中不可忽视的现实问题，它体现在多个维度上，包括但不限于以下几个方面：

学生入学时的学习基础参差不齐，有的学生在计算机基础知识、编程技能等方面已具备相当水平，而有的学生则可能完全零基础。此外，学生的认知能力、逻辑思维能力等也存在显著差异，这些都会直接影响他们的学习效果。兴趣是学习的内在动力。在计算机类专业中，有的学生可能对算法设计、软件开发充满热情，有的学生则可能更偏好于网络安全、数据分析等领域。兴趣的不同会导致学生在学习过程中的关注点、投入度及学习效果产生差异。

学生的学习风格各异，有的喜欢独立思考、自主探究，有的则更倾向于团队合作、互动交流。学生的学习习惯也不尽相同，如在时间管理、笔记记录、复习策略等方面均有不同。这些差异要求教育者在教学过程中提供多样化的学习支持。高职计算机类专业的学生往往对未来职业有着明确的规划或模糊的憧憬，有的学生希望成为软件工程师，有的学生则可能想从事网络安全、数据分析等职业。不同的职业规划会引导学生在学习内容、技能掌握上有所侧重。

（二）个性化学习路径的适应性策略

面对学生个体差异的多样性，个性化学习路径通过一系列适应性策略，旨在为每个学生提供最适合其发展的学习路径。

1. 精准识别学生需求

个性化学习路径的第一步是精准识别学生的需求。这需要通过多种手段收集学生的信息，包括问卷调查、访谈、测试等，以全面了解学生的学习基础、兴趣偏好、学习风格及职业规划。在此基础上，教育者可以对学生进行分类，为后续的学习路径设计提供依据。

2. 设计差异化学习方案

根据学生的个体差异，设计差异化的学习方案是个性化学习路径的核心。这包括：

分层教学：根据学生的学习基础和能力水平，将学生分为不同的层次，为他们提供不同难度和深度的学习内容和任务。

兴趣导向：鼓励学生根据自己的兴趣选择学习方向，为他们提供丰富的选修课程、项目实践机会等，以满足其个性化需求。

灵活的学习路径：允许学生根据自己的学习进度和兴趣调整学习路径，实现自主学习和自我管理。

3. 提供多样化的学习资源

为了满足学生的多样化需求，应提供多样化的学习资源。这包括：

电子教材与在线课程：为学生提供丰富的电子教材和在线课程，方便他们随时随地进行学习。

模拟实验与虚拟环境：通过模拟实验与虚拟环境，让学生在安全的学习情境中进行实践操作，提升技能水平。

项目案例与实战演练：提供真实的项目案例和实战演练机会，让学生在实践中学习、在应用中成长。

四、个性化学习路径的设计策略、实施过程与效果评估

（一）个性化学习路径的设计策略

个性化学习路径设计的首要任务是进行学生需求分析，即全面了解学生的个体差异，包括学生的学习基础、认知能力、学习兴趣、学习风格以及未来职业规划等多个方面。通过问卷调查、访谈、学习行为数据分析等手段，教育者可以收集到关于学生的详细信息，为后续的学习路径设计提供数据支持。

在了解学生个体差异的基础上，教育者需要与学生共同设定明确的学习目标和期望成果。这些目标应该既符合学生的个人发展需求，又能够体现计算机类专业的核心能力和素质要求。通过设定具体、可衡量的学习目标，学生可以清楚地了解自己的学习方向和努力方向。教育者需要根据学生的学习目标和兴趣偏好，为他们推荐合适的学习资源，并设计相应的学习任务和活动。在提供多样化学习资源的基础上，教育者需要为学生设计灵活的学习路径，包括确定学习内容的先后顺序、学习时间的安排、学习方式的选择等。学习路径应该具有一定的弹性和可调整性，以便学生能够根据自己的学习进度和兴趣进行调整和优化。同时，教育者还需为学生提供必要的学习指导和支持，确保他们能够在学习过程中保持正确的方向。

个性化学习路径的设计不是一成不变的，而是需要根据学生的学习进展和反馈进行不断调整和优化。因此，建立有效的反馈机制至关重要。教育者需要定期收集学生的学习数据、作业完成情况、课堂表现等信息，了解他们的学习进展和存在的问题。基于这些反馈信息，教育者可以对学习路径进行必要的调整和优化，以确保其与学生的个体差异保持高度适配性。

（二）个性化学习路径的实施过程

在个性化学习路径实施之前，教育者需要进行充分的准备工作，包括

整合多样化的学习资源、搭建在线学习平台或利用现有的教学管理系统等。通过资源整合和平台搭建，为学生提供一个便捷、高效的学习环境。在启动阶段，教育者需要与学生共同明确学习目标和期望成果，并介绍个性化学习路径的设计思路和实施方案。教育者通过详细解读学习路径中的各个环节和任务要求，帮助学生理解自己的学习路径及未来的发展方向。

在实施阶段，学生将按照个性化学习路径进行自主学习和协作交流。他们可以根据自己的学习进度和兴趣选择适合的学习资源和任务进行学习；通过在线平台或小组讨论等形式与教师和同学进行交流和互动。教育者需要密切关注学生的学习进展和状态，及时给予指导和支持；鼓励学生互相学习、互相帮助。

在评估与反馈阶段，教育者需要对学生的学习成果进行全面评估，并收集学生的反馈意见。通过作业、项目、考试等多种形式评价学生的知识技能掌握情况，还要关注学生的综合素质、创新能力等方面的表现。基于评估结果和反馈意见，教育者可以对学习路径进行必要的调整和优化，鼓励学生进行自我反思与总结经验教训。

（三）个性化学习路径的效果评估

学习成效评估是评价个性化学习路径效果的重要指标之一。通过对比学生在实施个性化学习路径前后的学习成绩、技能水平等方面的变化，可以直观地了解学习路径对学生学习成效的影响。在效果评估中需要关注学生在思维能力、创新能力、实践能力等方面的提升情况。这可以通过观察学生在课堂讨论、项目实践等活动中的表现来评估；也可以通过学生自评、同伴评价等方式收集相关信息。

学习态度与兴趣是影响学生学习效果的重要因素之一。在个性化学习路径中，学生的学习兴趣和动力得到了充分激发和调动。在效果评估中，教育者需要关注学生的学习态度和兴趣变化情况。

个性化学习路径的核心目标之一是培养学生的自主学习能力。这种能力体现在学生能够自我规划学习进度、选择适合自己的学习资源、解决学习中的难题以及进行自我反思和调整。为了评估学生的自主学习能力，可以通过观察他们如何独立完成学习任务、如何有效管理学习时间和资源，以及他们如何调整学习策略等方面来进行。此外，还可以设计一些自我评估工具或问卷，让学生反思并反馈他们的自主学习过程和体验。

在个性化学习路径中，学生不仅需要掌握专业知识和技能，还需要发展良好的社会与情感技能，如团队合作、沟通交流、领导力、批判性思维等。这些技能对于学生在未来职场中的成功至关重要。在效果评估中，教育者应当关注学生在这些方面的表现，可以通过观察学生在小组项目中的协作情况、参与课堂讨论的积极性、解决问题的能力以及展现出的批判性思维等来评估。此外，还可以利用同伴评价或教师评价来收集更全面的信息。

个性化学习路径的效果评估不应仅局限于短期内的学习成果和能力提升，还应关注其对学生未来发展的持续性和长期影响，包括学生在毕业后是否能够顺利适应职场、是否能够持续学习和成长、是否能够在专业领域或更广泛的领域内做出贡献等方面。由于这些评估涉及较长时间跨度和复杂的环境因素，因此可能需要采取跟踪调查、校友访谈、职业成就分析等方法来进行。

（四）优化与调整策略

在个性化学习路径的实施过程中，根据效果评估的结果，教育者需要不断优化和调整学习路径，以确保其与学生的个体差异保持高度适配性。

利用学习数据分析工具定期收集和分析学生的学习数据，了解他们的学习进展和存在的问题，基于数据分析的结果，对教育资源和学习路径进行有针对性的调整和优化。建立有效的学生反馈机制，鼓励学生积极参与学习路径的评估和改进，通过问卷调查、访谈、小组讨论等方式收集学生的反馈意见，并根据反馈结果进行必要的调整。

加强教师的专业培训和发展，提升他们在个性化教学、学习数据分析、学习路径设计等方面的能力。通过定期组织研讨会、在线课程等活动，促进教师之间的交流与合作，共同提升教学质量。加强学校与家庭之间的合作与沟通，共同关注学生的个性化学习需求和发展。通过家长会、家校联系册、在线沟通平台等方式，及时向家长反馈学生的学习情况和进展，并听取家长的意见和建议。

第四章　课程改革与教学内容优化

第一节　现有课程体系的梳理与评价

一、现有课程体系的结构与特点分析

课程体系是指在一定的教育价值理念指导下，将课程的各个构成要素加以排列组合，使各个课程要素在动态过程中统一指向课程体系目标实现的系统。课程体系是实现培养目标的载体，是保障和提高教育质量的关键。

（一）现有课程体系的结构

现有课程体系通常按照不同的层次进行分类，以确保学生在不同学习阶段能够获得系统而全面的知识。一般而言，课程体系可以划分为基础课程、专业课程和拓展课程三个层次。基础课程旨在为学生打下坚实的学科基础，包括数学、物理、化学、语文、英语等；专业课程针对学生的专业方向，培养学生的专业素养和能力；拓展课程旨在拓宽学生的知识视野，培养学生的综合素质和创新能力。

为了更好地满足学生的个性化需求，现有课程体系往往采用模块化的组织方式。每个模块围绕特定的主题或领域展开，包含一系列相互关联的课程。学生可以根据自己的兴趣、专业需求和学习计划选择相应的模块进

行学习。这种模块化的组织方式不仅提高了课程的灵活性和适应性，还有助于学生在不同领域之间进行交叉融合与协同创新。

现有课程体系通常包括必修课程和选修课程两大类。必修课程是每个学生都必须学习的课程，旨在保障学生掌握基本的知识和技能；选修课程则为学生提供了更多的选择空间，学生可以根据自己的兴趣和专业需求选择适合自己的课程。这种必修与选修相结合的课程设置方式有助于激发学生的学习兴趣和积极性，促进学生的全面发展。

（二）现有课程体系的特点

现有课程体系具有高度的系统性和完整性。从基础课程到专业课程再到拓展课程，每个层次都紧密相连、相互支撑，形成了一个完整的知识体系。这种系统性和完整性有助于学生在学习中形成完整的知识框架和思维模式，为后续的专业学习和职业发展打下坚实的基础。

现有课程体系注重多样性和灵活性。通过模块化的课程组织和必修与选修相结合的课程设置方式，学生可以根据自己的兴趣、专业需求和学习计划选择适合自己的课程。这种多样性和灵活性不仅满足了学生的个性化需求，还有助于激发学生的学习兴趣和积极性，促进学生全面发展。

现有课程体系强调理论与实践相结合。在理论课程的基础上，增加了大量的实践环节和实验课程，以培养学生的实践能力和创新精神。通过实践环节的学习，学生可以更好地理解理论知识，并将其应用于解决实际问题的过程中。这种理论与实践相结合的教学方式有助于提高学生的综合素质和就业竞争力。

（三）现有课程体系的影响

现有课程体系的结构和特点对学生学习产生了深远的影响。首先，系统性和完整性的课程体系有助于学生形成完整的知识框架和思维模式；其次，多样性和灵活性的课程设置为学生提供了更多的选择空间和发展机会；

再则，理论与实践相结合的教学方式有助于提高学生的实践能力和创新精神；最后，国际化和前瞻性的课程体系有助于学生拓展国际视野、增强就业竞争力。

现有课程体系对教师的专业发展产生了积极的影响。首先，教师需要不断更新自己的知识结构和教学方法以适应课程体系的变革；其次，教师需要积极参与课程建设和教学改革以提高教学质量和效果；最后，教师需要加强与国际一流大学的交流与合作以提升自己的学术水平和国际影响力。这些要求促使教师不断学习和进步，从而推动教师队伍的整体素质提升。

现有课程体系对学校整体教育质量的影响是显著的。一个科学合理、符合时代要求的课程体系能够激发学生的学习兴趣和积极性，提高学生的综合素质和就业竞争力；能够推动教师队伍的整体素质提升，促进学校的内涵式发展。因此，学校应该高度重视课程体系的建设和改革工作，不断完善和优化课程体系的结构和特点，以适应时代的需求和学生的发展。

二、现有课程体系与行业需求的对比评价

在快速发展变化的现代社会中，教育体系与行业需求之间的契合度成为衡量教育质量的重要指标之一。课程体系作为教育活动的核心框架，其设计与实施直接关系到学生能否掌握未来职场所需的知识与技能。

（一）现有课程体系概述

现有课程体系通常依据学科特点、教育目标及学生发展需求进行设计，包括基础课程、专业课程、实践课程等多个模块。基础课程注重培养学生的基本素养和跨学科能力；专业课程则深入某一领域，旨在提升学生的专业素养和专业技能；实践课程则通过实习、实训、项目等方式，增强学生的实践能力和解决问题的能力。

（二）行业需求特点分析

行业需求具有动态性、多样性和专业性等特点。随着科技的进步和产

业的升级，行业对人才的需求也在不断变化。具体而言，行业需求呈现出以下几个方面的特点：新技术、新工艺不断涌现，要求从业者具备持续学习与适应变化的能力。不同行业之间的界限日益模糊，复合型人才成为市场的新宠。在激烈的市场竞争中，创新能力成为企业持续发展的关键。企业更加注重应聘者的实践经验和解决问题的能力。

（三）现有课程体系与行业需求对比

现有课程体系在知识结构的构建上往往注重学科的系统性和完整性，但有时会忽略与行业需求的对接。例如，一些专业课程的内容可能滞后于行业技术的发展，导致学生在毕业后难以适应职场需求。此外，跨学科知识的融合度不够也是现有课程体系的一个短板，难以满足行业对复合型人才的需求。行业对技能的需求具有明确的指向性，而现有课程体系在技能培养方面可能存在一定的偏差。一方面，部分课程可能过于注重理论知识的传授，而忽视了实践技能的培养；另一方面，一些课程虽然设置了实践环节，但往往与实际工作场景脱节，难以达到预期的效果。因此，学生在毕业后可能需要经历较长时间的适应期才能胜任工作。

创新能力是行业对人才的重要要求之一，但现有课程体系在创新能力培养方面可能存在不足。一方面，部分课程可能过于注重知识的灌输和应试技巧的训练，而忽视了对学生创新思维和批判性思维的培养；另一方面，实践教学环节可能缺乏足够的创新性和挑战性，难以激发学生的创新潜能。

（四）存在的问题与挑战

部分教育机构在教育理念上仍停留在传统的模式上，未能充分认识到行业需求的变化和趋势。这导致课程体系的设计和实施难以与行业需求保持同步。由于行业需求的动态性和多样性特点，现有课程体系在课程设置上难以完全满足行业需求。一些课程可能过于陈旧或过于狭窄，无法适应行业发展的需求。

实践教学环节是培养学生实践能力和创新能力的重要途径之一。然而，现有课程体系中的实践教学环节存在不足或与实际工作场景脱节的问题，导致学生在毕业后缺乏足够的实践经验和解决问题的能力。教师是课程体系实施的关键因素之一。部分高校在师资力量方面也存在不足或师资结构不合理的问题，这导致教师在教学过程中难以充分满足学生的需求或无法跟上行业发展的步伐。

（五）改进建议与展望

教育机构应加强与行业企业的联系与合作，深入了解行业发展的需求和趋势。通过定期的行业调研和分析，及时调整和优化课程体系，确保其与行业需求保持同步。根据行业需求的变化和趋势，优化课程设置和教学内容。注重跨学科知识的融合和渗透，培养学生的综合素养和跨界融合能力。加强实践教学环节的建设和管理，确保学生能够在真实的工作环境中得到充分的锻炼和提升。

将创新能力培养纳入课程体系的重要组成部分。通过开设创新课程、组织创新竞赛等方式激发学生的创新潜能和创造力。

加强师资队伍建设是提高教学质量和效果的重要保障。教育机构应加大对师资力量的投入和支持力度，引进和培养一批具有行业背景和实践经验的优秀教师；同时加强对教师的培训和考核工作，提高他们的教学水平和能力素质。

推动产学研深度融合是促进教育与行业深度融合的重要途径。教育机构应积极与企业、科研机构等建立紧密的合作关系，共同开展人才培养、科学研究和技术创新等工作。通过产学研深度融合，不仅可以使学生更好地了解行业前沿和发展趋势，还能为企业和科研机构提供有力的人才支撑和智力支持。

三、现有课程体系存在的问题与瓶颈

（一）课程设置缺乏前瞻性与灵活性

现有课程体系往往过于依赖历史经验和传统模式，对新兴技术、行业趋势及未来社会需求的预见性不足。这导致部分课程内容陈旧，无法跟上时代步伐，学生在毕业后可能面临“所学非所用”的尴尬境地。例如，在信息技术日新月异的今天，一些高校的计算机科学课程仍停留在基础编程和理论知识的讲授上，缺乏对人工智能、大数据、云计算等前沿技术的深入探索。

课程体系的设计往往过于刚性，缺乏根据学生兴趣、能力及社会需求进行调整的灵活性。学生难以根据自己的职业规划和兴趣爱好选择适合自己的课程组合，限制了其个性化发展和创新能力的培养。此外，随着跨学科融合趋势的加强，传统学科壁垒愈发显得不合时宜，而现有课程体系在跨学科课程设置方面往往缺乏有效整合和衔接。

（二）教学内容陈旧且与实践脱节

教材内容作为教学内容的重要载体，其更新速度往往滞后于科技发展和行业变革，这使得学生在课堂上学习的知识在毕业后可能已经过时或不再适用。例如，在医学领域，新药研发、治疗技术的快速进步要求医学教育必须紧跟时代步伐，但部分医学院校的教材却未能及时反映这些最新进展。

现有课程体系在理论与实践的结合上往往存在不足。理论教学过于抽象和理论化，缺乏与实际应用的紧密联系；实践教学则往往流于形式，难以达到预期的效果。这种理论与实践的分离不仅影响了学生对知识的理解和掌握程度，也限制了他们将所学知识应用于实际工作中的能力。

（三）教学方法单一且缺乏创新

传统的教学方法以教师为中心，采用灌输式的教学模式。这种模式下，学生处于被动接受知识的状态，缺乏主动性和创造性。虽然近年来越来越多的教育者开始尝试采用讨论式、案例式、项目式等新型教学方法，但在实际操作中仍面临诸多困难和挑战。

现有课程体系在信息技术应用方面仍存在不足。一方面，部分教师缺乏信息技术素养和应用能力；另一方面，教育机构和学校在信息技术基础设施建设、教学资源开发等方面投入不足。这限制了信息技术在提升教学质量和效率方面的潜力。

（四）评价体系单一且缺乏公正性

现有课程体系的评价体系往往以考试成绩为主要依据，忽视了对学生综合素质、创新能力和实践能力的全面评价。这种单一的评价体系导致学生过分追求分数而忽视了对知识的深入理解和应用能力的培养。

在评价过程中，主观性和偏见往往难以避免。教师对学生的评价可能受到个人喜好、偏见或刻板印象的影响；同学之间的互评也可能存在不公正的情况。这影响了评价结果的客观性和公正性，也损害了教育的公平性和公信力。

（五）师资力量薄弱且结构不合理

随着教育规模的扩大和教育改革的深入推进，对优秀教师的需求日益增加。然而，部分高校现有师资力量却难以满足这一需求，现有师资结构往往存在年龄、学历、专业背景等方面的不合理现象。年轻教师比例偏低导致教学活力不足；高学历教师比例不高影响教学科研水平；专业背景单一则限制了跨学科教学的开展。这些问题都制约了教学质量的提升和教育改革的深入。

（六）资源分配不均且利用效率低下

教育资源分配方面往往存在城乡、区域、校际差异。优质教育资源往往集中在少数城市、重点学校和优势学科上，而广大农村地区、薄弱学校和弱势学科则面临资源匮乏的困境。这种资源分配不均不仅加剧了教育不公现象的发生，也限制了教育整体质量的提升。

资源利用方面往往存在浪费和低效的现象。一方面部分学校和教育机构在资源投入上缺乏科学规划和合理布局，导致资源浪费严重；另一方面部分教师和学生在资源使用上缺乏节约意识和效率意识，导致资源利用效率低下。这些问题都制约了教育资源的有效配置和高效利用。

四、现有课程体系改革的必要性与紧迫性

在 21 世纪的今天，科技革命、产业变革和社会发展的速度前所未有，这对教育体系尤其是课程体系提出了新的要求和挑战。面对日新月异的世界，现有课程体系的改革不仅是必要的，而且是紧迫的。

（一）适应社会需求的必然选择

随着人工智能、大数据、云计算等新兴技术的迅猛发展，传统行业正在经历深刻的变革，新兴行业不断涌现。这些变化对人才的需求也发生了根本性的转变，不仅需要掌握扎实专业知识的人才，更需要具备创新思维、跨界融合能力和持续学习能力的人才。然而，现有课程体系往往过于注重理论知识的传授，忽视了对学生实践能力和创新能力的培养，难以满足行业变革对人才的需求。

在环境问题日益严峻的今天，可持续发展已成为全球共识。教育领域也应积极响应这一号召，将可持续发展理念融入课程体系之中。然而，现有课程体系在环保教育、资源利用等方面的内容相对较少，难以培养学生形成可持续发展的观念和行为习惯。因此，改革现有课程体系，增加环保教育、可持续发展等内容，加强实践教学和创新能力培养，是培养具有社会责任感和可持续发展能力的未来公民的重要举措。

（二）促进学生全面发展的重要途径

传统课程体系往往过于强调知识的系统性和完整性，忽视了学生的兴

趣和个性差异。这导致学生在学习过程中缺乏主动性和创造性，难以充分发挥自己的潜能。改革现有课程体系，实施个性化教学、多元化评价等措施，可以激发学生的学习兴趣和动力，帮助他们发现自己的优势和特长，从而更好地发挥自己的潜能。

在知识经济时代，综合素养和创新能力已成为衡量人才质量的重要标准。然而，现有课程体系在培养学生综合素养和创新能力方面存在明显不足。改革现有课程体系，加强跨学科整合、创新教学方法、强化实践教学等措施，可以帮助学生构建全面的知识体系、培养创新思维和实践能力，为他们的全面发展奠定坚实基础。

（三）实现教育公平的必要手段

教育资源的不均衡分配是导致教育不公平的重要原因之一。现有课程体系在资源分配上往往存在城乡、区域、校际差异。改革现有课程体系，通过优化资源配置、加强师资培训、推广优质教育资源等措施，可以缩小教育资源差距，促进教育公平的实现。

教育公平不仅包括教育资源分配的公平，还包括教育机会和教育过程的公平。现有课程体系在关注弱势群体需求方面存在不足，如贫困地区学生、残障学生等群体的教育需求往往被忽视。改革现有课程体系，增加针对弱势群体的教育内容和支持措施，可以确保他们获得公平的教育机会和教育过程。

（四）适应科技进步的必要措施

信息技术的飞速发展正在深刻改变着人类的生产生活方式和学习方式。然而，现有课程体系在信息技术应用方面存在明显滞后。改革现有课程体系，加强信息技术与教育教学的深度融合，可以创新教学模式、丰富教学资源、提高教学效率和质量。

信息素养已成为个人和社会发展的重要能力之一。然而，现有课程体系在信息素养培养方面存在不足。改革现有课程体系，增加信息素养教育内容，加强信息技术课程与其他学科的整合等措施，可以帮助学生掌握信息获取、处理、分析和应用的能力，为他们适应信息社会奠定坚实基础。

第二节　与行业需求对接的课程设置

一、行业需求对课程设置的影响与要求

行业需求作为教育与就业市场的桥梁，对高等教育及职业培训的课程设置产生了深远影响。随着技术的不断进步、产业结构的调整以及全球化竞争的加剧，行业需求不仅决定了人才市场的供需关系，还直接引导着教育机构在课程设置上的创新与变革。

（一）行业需求的变化趋势

随着人工智能、大数据、云计算、物联网等前沿技术的飞速发展，技术革新成为推动行业变革的主要动力。这些技术的广泛应用不仅改变了传统行业的运作模式，还催生了大量新兴业态和岗位。例如，在制造业中，智能制造、工业互联网等新兴领域对具备数字化技能、数据分析能力的人才需求激增；在服务业中，电子商务、金融科技等新兴业态则对具有创新思维、跨界融合能力的人才提出了更高要求。

在全球化和数字化浪潮的推动下，产业结构不断优化升级，传统产业加速转型，新兴产业蓬勃发展。这种变化不仅带来了就业市场的重大变化，也促使教育行业必须紧跟时代步伐，调整课程设置以适应新的产业结构需求。例如，随着制造业向智能制造转型，机械、电子等传统工科专业需要融入更多自动化、智能化内容；而随着服务业的快速发展，旅游管理、酒店管理等专业则需加强跨文化交流、数字化营销等方面的课程。

在全球化背景下，国际竞争日益激烈。企业为了在全球市场中占据有利地位，纷纷加大研发投入，提升产品和技术水平。这种竞争态势不仅要求员工具备扎实的专业知识和技能，还要求他们具备国际视野、跨文化沟通能力和团队合作精神。因此，教育行业在课程设置上必须注重培养学生的全球竞争力。

（二）行业需求对课程设置的具体影响

行业需求的变化直接推动了课程内容的更新与拓展。为了使学生掌握最新的行业知识和技能，教育机构需要不断修订和完善课程体系，增加与行业需求紧密相关的课程模块。例如，在信息技术领域，随着人工智能技术的兴起，许多高校和职业院校纷纷开设了人工智能导论、机器学习、深度学习等前沿课程；在金融服务领域，随着金融科技的发展，区块链、数字货币等新兴课程也逐渐进入人们的视野。

实践教学是提升学生实践能力和创新能力的重要途径。随着行业对人才实践能力要求的提高，教育机构在课程设置上越来越注重实践教学的比重，通过与企业合作建立实习实训基地、开展项目式教学、组织创新创业大赛等方式，为学生提供更多实践机会和平台。这些实践活动不仅有助于学生将所学知识应用于实际工作中，还有助于培养他们的创新思维和解决问题的能力。

随着行业边界的模糊化和交叉学科的兴起，跨学科课程的融合成为课程设置的重要趋势。跨学科课程不仅有助于学生构建全面的知识体系，还有助于培养他们的跨界融合能力和创新思维。例如，在生物医学工程领域，将生物医学、电子工程、计算机科学等多个学科的知识进行有机融合，可以培养出既懂医学又懂技术的复合型人才；在文化创意产业领域，将艺术设计、市场营销、数字媒体等多个学科的知识进行交叉融合，可以培养出具有创新精神和市场洞察力的文化创意人才。

（三）行业需求对课程设置的要求

教育机构应密切关注行业动态和技术发展趋势，及时调整和更新课程内容，确保课程内容的先进性和实用性，还应加强与企业的合作与交流，了解企业对人才的具体需求，为课程设置提供有力支撑。教育机构应加大对实践教学的投入力度，建立完善的实践教学体系，通过与企业合作建立实习实训基地、开展项目式教学等方式，为学生提供更多实践机会。

教育机构应打破学科壁垒，推动跨学科课程的融合与创新，通过设立跨学科研究中心、开设跨学科课程等方式，促进不同学科之间的交流与合作。在课程设置上，教育机构还应注重学生综合素质的培养。除了专业知识和技能外，还应加强对学生的人文素养、职业道德、团队合作精神等方面的教育。

面对快速变化的市场需求，教育机构应具备灵活调整课程设置的能力。通过定期评估课程教学效果、收集学生和企业反馈等方式，及时调整和优化课程设置；还应关注新兴行业的发展趋势和人才需求变化，适时开设新的课程模块或专业方向以满足市场需求。

二、与行业需求对接的课程设置原则与策略

在当今快速变化的社会与经济环境中，行业需求成为高等教育与职业培训的重要导向。为了确保毕业生能够顺利进入职场，教育机构在课程设置上必须紧密对接行业需求，以培养出符合市场需求的高素质人才。

（一）与行业需求对接的课程设置原则

课程设置的首要原则是目标导向。教育机构应根据行业发展的最新趋势和未来预测，明确人才培养目标，并据此设计课程体系。具体而言，教育机构需深入分析行业需求，识别关键岗位及其所需的核心能力和技能，确保课程内容与这些目标紧密相关。通过目标导向的课程设置，学生能够有针对性地学习，提高学习的有效性和适应性。

市场需求是课程设置的重要参考。这要求教育机构建立与行业企业的紧密联系，通过校企合作、产学研结合等方式，获取第一手的市场信息和人才需求数据。教育机构还应定期评估课程设置与市场需求的匹配度，确保课程内容的时效性和前瞻性。综合性原则强调课程设置的全面性和多样性。在对接行业需求时，教育机构不仅要注重专业知识和技能的培养，还要关注学生的综合素质提升，包括人文素养、职业道德、团队协作能力、创新思维等多方面的培养。通过综合性的课程设置，学生能够在掌握专业技能的同时，具备良好的综合素质，更好地适应未来职场的需求。

实践性原则要求课程设置注重实践教学环节。与行业需求对接的课程设置必须紧密结合实际工作需求，通过丰富的实践机会和案例教学，提高学生的实际操作能力和解决问题能力。这要求教育机构加强与企业的合作，建立实习实训基地，提供多样化的实践项目，让学生在实践中学习和成长。

创新是行业发展的动力源泉，也是课程设置的重要原则之一。教育机构在对接行业需求时，可以开设创新课程、举办创新竞赛、引入创新教学方法等方式，激发学生的创新潜力，培养学生的创新思维和创新能力。这有助于学生在未来的职场中具备更强的竞争力和适应能力。

（二）与行业需求对接的课程设置策略

校企合作是实现课程设置与行业需求对接的有效途径。教育机构应积极与企业建立合作关系，共同开发课程体系。通过邀请企业专家参与课程设计和教学，引入行业标准和案例，使课程内容更加贴近实际工作需求。校企双方还可以共同建设实习实训基地，为学生提供真实的职业环境和实践机会。随着行业技术的不断发展和市场需求的变化，课程内容也需要不断更新与优化。

教育机构应定期评估课程教学效果和市场需求变化，及时调整和优化课程内容，包括引入新的技术、理论和案例，删除过时或冗余的内容，使课程内容保持先进性和实用性；还应加强课程之间的衔接和整合，避免重复和脱节现象的发生。

实践教学是提高学生实践能力和解决问题能力的关键环节。教育机构应加大实践教学的投入力度，建立完善的实践教学体系。通过开设实验课、实训课、课程设计等实践课程，为学生提供多样化的实践机会；还应加强实践教学的管理和评估工作，确保实践教学质量和效果。此外，还可以鼓励学生参与校内外各种实践活动和竞赛活动。

三、与行业需求对接的课程设置效果评估

在当今全球化的经济环境中，教育机构肩负着为社会培养高素质、高技能人才的重要使命。为了确保毕业生能够顺利融入职场并贡献于社会，教育机构需要不断调整和优化课程设置，以更好地满足社会发展的需求。与行业需求对接的课程设置不仅要求内容上的更新与拓展，还涉及教学方法、实践环节等多个方面的改革。因此，对这类课程设置的效果进行科学、全面的评估显得尤为重要。

（一）评估的重要性

评估能够帮助教育机构了解课程设置是否真正符合行业需求，是否有助于培养学生的核心能力和职业素养。通过评估可以及时发现课程设置中存在的问题和不足，为后续的改进和优化提供依据。评估结果可以作为教师教学效果的反馈，促进教师不断提升教学水平和质量。评估能够验证课程设置是否有助于学生提升就业竞争力，满足企业对人才的需求。

（二）评估框架的构建

构建一个全面、系统的评估框架是进行有效评估的前提。该框架应涵盖课程设置的各个方面，包括课程目标、课程内容、教学方法、实践环节以及学生发展等。

评估课程目标是否明确、具体，是否紧密关联行业需求，以及是否能够在教学中得到有效实现。评估课程内容是否紧跟行业发展趋势，是否涵盖行业所需的关键知识和技能，以及是否具有一定的前瞻性和创新性。评估教学方法是否多样、灵活，是否能够激发学生的学习兴趣和积极性，以及是否有助于培养学生的自主学习和创新能力。评估实践环节是否充足、有效，是否为学生提供了足够的实践机会和经验，以及是否有助于学生将所学知识应用于实际工作中。评估课程设置是否有助于学生全面发展，包括专业技能、职业素养、团队协作能力等方面。

（三）评估指标的选择

评估指标是评估框架的具体体现，是评估过程中需要重点关注和测量的内容。针对与行业需求对接的课程设置效果评估，可以选择以下几类指标：通过考试、作业、项目等方式，评估学生是否达到了课程预设的学习目标；通过行业专家、企业代表等第三方评价，评估课程内容是否满足行业需求，是否有助于学生掌握关键知识和技能；通过学生满意度调查、教学观察等方式，评估教学方法是否能够激发学生的学习兴趣和积极性，以及是否有助于提高教学效果；通过实践报告、实习反馈等方式，评估实践环节是否充足、有效，以及是否有助于学生将所学知识应用于实际工作中；通过综合素质评价、就业情况跟踪等方式，评估课程设置是否有助于学生全面发展，包括专业技能、职业素养、团队协作能力等方面。

（四）评估方法的应用

评估方法的选择应根据评估指标的特点和实际情况进行，通过设计科学合理的问卷，向学生、教师、企业代表等群体收集意见和反馈信息。问卷调查具有操作简便、数据量大等优点，但需要注意问卷设计的科学性和问卷回收的有效性。

通过深入访谈学生、教师、企业代表等群体，了解他们对课程设置的看法和建议。访谈法能够获取更加详细、深入的信息，但需要注意访谈对象的代表性和访谈过程的客观性。通过实地观察教学过程和实践环节，了解教学情况和学生的学习状态。观察法能够直接获取第一手资料，但需要注意观察者的专业性和观察过程的客观性。

利用统计学方法对收集到的数据进行分析和处理，提取有价值的信息和结论。数据分析法具有科学性强、客观性等优点，但需要注意数据的真实性和分析方法的适用性。

（五）评估结果的运用

评估结果的运用是评估工作的最终目的。评估结果应作为课程改革和教学质量提升的重要依据。将评估结果及时反馈给相关部门和人员，针对存在的问题和不足提出具体的改进建议；建立跟踪机制，关注改进措施的实施效果，确保课程设置的持续优化和提升。

根据评估结果，对教育机构的课程设置政策进行调整和优化，以更好地满足行业发展的需求。根据评估结果，合理配置教育资源，加大对重点课程和关键环节的投入力度，提高教育资源的利用效率。将评估结果作为宣传和推广的亮点，吸引更多的学生和企业关注与支持教育机构的课程设置和教学改革。

第三节 跨学科课程的整合与实施

一、跨学科课程整合的背景与意义

在当今这个知识爆炸、科技日新月异的时代，单一学科的知识体系已经难以满足复杂多变的社会需求，跨学科的知识融合与创新成为推动社会进步和经济发展的重要动力。因此，跨学科课程整合作为教育改革的重要方向，其背景与意义愈发凸显。

（一）跨学科课程整合的背景

随着科学技术的不断进步，学科之间的界限逐渐模糊，新知识、新技术层出不穷。传统的单一学科教学模式已经难以应对这种复杂的知识体系。跨学科课程整合应运而生，旨在通过打破学科壁垒，实现知识的有机融合，以适应知识体系的复杂性和多样性。

社会和企业对于人才的需求呈现出多元化的趋势，不仅需要具备扎实专业知识的人才，更需要具备跨学科素养、创新思维和综合能力的人才。跨学科课程整合正是为了培养这种复合型人才而设计的。近年来，随着教育理念的不断更新，越来越多的教育家和学者开始认识到跨学科教育的重要性。他们认为，跨学科教育能够帮助学生建立更为全面、系统的知识体系，培养学生的综合素质和创新能力。因此，跨学科课程整合成为教育改革的重要方向。

（二）跨学科课程整合的定义

跨学科课程整合是指将不同学科领域的知识、方法和技术相互融合，形成一个有机整体的教学过程。它打破了传统学科之间的界限，通过整合不同学科的知识点和教学资源，实现知识的互补和交叉，从而培养学生的跨学科素养和综合能力。

（三）跨学科课程整合的理论基础

建构主义学习理论认为，学习是一个主动建构知识的过程。学生不是被动地接受知识，而是通过自己的经验和认知结构来主动建构知识。跨学科课程整合正是基于这一理论，通过提供多样化的学习资源和情境，帮助学生主动建构跨学科的知识体系。

多元智能理论由美国教育学家和心理学家霍华德·加德纳提出，他认为人类具有多种智能，每个人都至少具备语言智力、逻辑数学智力、音乐智力、空间智力、身体运动智力、人际关系智力和内省智力，后来，加德纳又添加了自然智力。这种理论认为，不存在单纯的某种智力和达到目标的唯一方法，每个人都会用自己的方式来发掘各自的大脑资源，这种为达到目的所发挥的各种个人才智才是真正的智力，造就了人与人之间的不同。

知识迁移理论指出，学生能够将在一个情境中学到的知识和技能应用到另一个情境中。跨学科课程整合通过提供多样化的学习情境和任务，帮助学生实现知识的迁移和应用，提高他们的解决问题能力和创新能力。

（四）跨学科课程整合的实施策略

跨学科课程整合需要明确课程目标，即确定要培养学生的哪些跨学科素养和综合能力。这些目标应该与行业需求和社会发展趋势紧密相连，确保课程内容的实用性和前瞻性。跨学科课程整合可以通过主题教学、项目式学习等方式实现，让学生在解决实际问题的过程中综合运用多学科的知识和技能。

跨学科课程整合需要创新教学方法，采用多样化的教学手段和策略。例如，可以采用探究式学习、合作学习、情境教学等方法，激发学生的学习兴趣和积极性，培养他们的自主学习和创新能力。

跨学科课程整合对教师提出了更高的要求。教师需要具备跨学科的知识背景和教学能力，能够灵活运用不同学科的知识和方法来指导学生学习。因此，加强师资培训是跨学科课程整合顺利实施的重要保障。

（五）跨学科课程整合的重要意义

跨学科课程整合能够打破传统学科之间的界限，将不同学科的知识点和教学资源进行整合。这有助于拓宽学生的知识视野，让他们接触到更多领域的知识和技能，为未来的学习和工作打下坚实的基础。通过整合不同学科的知识和技能，学生能够更全面地认识和理解世界，提高解决问题的能力和创新能力。

跨学科课程整合是教育改革和创新的重要方向。通过打破传统学科之间的界限，实现知识的有机融合和创新应用，跨学科课程整合能够推动教育体系的变革和创新发展。这有助于培养更多具备跨学科素养和创新能力的人才，为社会的可持续发展提供有力支持。

二、跨学科课程整合的实施策略与方法

跨学科课程整合作为当前教育改革的重要趋势，旨在通过打破学科界限，实现知识的有机融合与创新应用，从而培养学生的综合素养和创新能力。为了实现这一目标，需要制定清晰、有效的实施策略与方法。

（一）确定跨学科主题

主题选择：跨学科课程整合的首要任务是确定一个或多个跨学科的主题。这些主题应能够连接不同学科的知识和技能，如“环境保护”“城市规划”“健康生活”等。这些主题不仅具有现实意义，还能激发学生的兴趣和探索欲。

主题分析：在确定主题后，需要对主题进行深入分析，明确其涉及的学科领域、核心概念、关键问题等。例如，“环境保护”主题可能涉及地理、生物、化学、政治、经济等多个学科，需要围绕这些学科开展综合学习。

（二）设计综合性学习活动

围绕跨学科主题，设计一系列综合性的学习活动。这些活动应旨在帮助学生理解和应用多学科的知识和技能。例如，在学习“环境保护”主题时，教师可以组织学生进行实地考察，了解本地的环境问题；在科学课上学习如何测试水质和空气质量；在数学课上学习如何收集和分析环境数据；在语文课上撰写关于环境保护的文章或演讲稿。

在设计活动时，教师应注重不同学科之间的融合。通过跨学科的学习活动，学生可以更好地理解知识的相互关联和整体框架。例如，在“城市规划”主题下，学生需要综合考虑交通、建筑、经济、文化等多个方面的因素，这涉及地理、历史、经济、政治等多个学科的知识。

（三）采用项目式学习

项目式学习是一种有效的跨学科教学方法，它鼓励学生通过实践项目来探索和解决问题。通过设计具体的项目任务，学生可以在解决问题的过程中综合运用多学科的知识和技能。例如，学生可以设计一个“绿色校园”项目，包括建设小型风力发电机、安装太阳能灯具、创建校园菜园等活动，这些活动涉及物理、生物、环境科学、艺术和社会科学等多个学科。

在项目式学习中，学生需要经历发现问题、明确目标、制订计划、实施项目、展示成果和反思总结等阶段。教师应引导学生积极参与项目过程，鼓励他们发挥主动性和创造力。

（四）利用现代技术

现代技术为跨学科教学提供了丰富的资源和工具。教师可以利用在线协作平台、虚拟现实（VR）技术、地理信息系统（GIS）等现代技术手段，为学生创造更加生动、直观的学习环境。例如，在讨论全球变暖问题时，教师可以引入 GIS 技术，让学生使用 GIS 软件分析气候变化对本地社区的影响。这样的技术应用不仅能够帮助学生更好地理解问题，还能提高他们的信息技术素养。

（五）促进教师合作

跨学科课程整合需要教师之间的密切合作。不同学科的教师需要共同设计和实施跨学科的教学计划，以确保教学活动的连贯性和有效性。学校可以建立跨学科教研共同体，组织教师定期交流教学经验、分享教学资源、共同解决教学难题。这有助于提升教师的跨学科教学能力和团队协作能力。

（六）引入多元化教学资源

跨学科教学需要引入多元化的教学资源，包括图书、学术文章、纪录片、专家讲座、在线课程等。这些资源能够为学生提供更加丰富、全面的学习材料。

教师可以根据教学需要和学生特点，灵活运用这些教学资源。例如，邀请环境科学家来校举办讲座，与学生分享最新的研究成果和环境保护的实际案例；组织学生观看相关纪录片，了解环境保护的重要性和紧迫性。

（七）鼓励主动探索与提出问题

跨学科教学应鼓励学生主动探索和提出问题。通过探究性学习，学生能够更好地理解知识的内在逻辑和实际应用。教师可以引导学生针对跨学科主题提出自己的问题和见解，并组织学生进行讨论和交流。这有助于培养学生的批判性思维和创新能力。

（八）与企业和社区合作

学校可以与当地的企业、非政府组织、社区组织等建立合作关系，为学生提供实习、志愿服务、项目合作等机会。这些合作机会能够让学生亲身体验跨学科知识的应用过程。例如，学生可以参与社区的环境改善项目，通过实际操作学习如何应用跨学科知识解决实际问题。这样的实践活动不仅能够提升学生的实践能力，还能增强他们的社会责任感和公民意识。

（九）教师专业发展的具体策略

学校应定期组织跨学科教学的专题培训，邀请专家、学者或经验丰富的教师分享跨学科课程设计、教学方法和评估策略等方面的经验和技巧。这些培训可以帮助教师更好地理解跨学科教学的核心理念和实际操作方法。

通过分析和研究跨学科教学的成功案例，教师可以从中汲取灵感和经验。学校可以组织教师观摩优秀的跨学科课程，或者收集并分享国内外优秀的跨学科教学案例，供教师学习和参考。鼓励教师进行教学反思，定期召开跨学科教学研讨会。在这些会议上，教师可以分享自己的教学经验和困惑，共同探讨解决问题的方法。

学校可以成立跨学科研究小组，由不同学科的教师组成，共同研究跨学科教学的相关理论和实践问题。这些小组可以定期召开会议，讨论跨学科教学的热点和难点问题，开展教学实验和研究项目，推动跨学科教学的深入发展。学校应制定相关政策，支持跨学科教学的开展，如可以为跨学科教学提供经费支持、教学资源保障和评估奖励等；还应建立跨学科教学的激励机制，鼓励教师积极参与跨学科教学的实践和研究。

（十）跨学科课程整合的评估与反馈

跨学科课程整合的评估应采用多元化方式，包括学生自评、同伴互评、教师评价等多种评价方式。这些评价方式可以全面反映学生的学习成果和跨学科素养的发展情况。除了传统的结果性评估外，跨学科课程整合还应注重过程性评估。通过观察学生在跨学科学习活动中的表现、记录学生的学习过程和反思等方式，教师可以及时了解学生的学习进展和存在的问题，并给予及时的指导和帮助。

基于评估结果，教师应及时给予学生反馈，帮助他们明确自己的学习目标和方向；还应根据评估结果调整跨学科教学计划和教学方法，确保教学活动的针对性和有效性。

三、跨学科课程整合在高职计算机类专业中的应用

高职计算机类专业的教学面临着前所未有的挑战与机遇，传统的单一学科教学模式已难以满足社会对复合型、创新型人才的需求。因此，跨学科课程整合在高职计算机类专业中的应用显得尤为重要。

（一）跨学科课程整合的必要性

计算机科学作为一门具有挑战性和创新性的学科，其发展日新月异，且常常需要多学科知识的支撑。跨学科课程整合能够帮助学生构建更广泛的知识体系，提升他们应对复杂问题的能力。随着计算机应用的广泛普及，以及与其他领域的交叉融合日益加深，如计算生物学、人工智能与医学等，需要高职计算机类专业的学生具备跨学科的知识和能力，以更好地适应这些新兴领域的发展需求。

（二）跨学科课程整合的教学方法

主题整合式教学是一种将不同学科的相关主题整合在一起的教学方法。在高职计算机类专业课程中，可以将计算机科学的概念与其他学科的主题相结合，如将计算机编程与数学、物理学或生物学的相关主题整合在一起。

项目式学习是一种以学生为中心的教学方法，通过参与实际项目来应用所学的知识和技能。在跨学科课程整合中，可以设计跨学科的项目任务，让学生在实际操作中掌握跨学科的知识和技能。例如，利用现代信息技术手段，如虚拟现实（VR）和增强现实（AR）技术，可以模拟现实世界的场景和实验条件，为学生提供更加直观、生动的学习情境。

四、跨学科课程整合的效果评估与持续改进

在高职计算机类专业中，跨学科课程整合作为一种创新教学模式，旨在通过融合不同学科的知识与技能，培养学生的综合素养、创新能力和解决复杂问题的能力。然而，任何教育改革的成功与否，都离不开科学的效果评估与持续的改进机制。

（一）跨学科课程整合效果评估的重要性

跨学科课程整合的效果评估是检验教学改革成效、发现问题与不足、指导后续改进的关键环节。它不仅能够反映学生在跨学科知识掌握、能力提升方面的变化，还能为教师提供教学反馈，促进教学方法和内容的持续优化。同时，效果评估也是向学校管理层、教育行政部门及社会各界展示教学改革成果，争取更多支持与资源的重要途径。

（二）跨学科课程整合效果评估的方法

通过考试成绩、作业完成情况、项目评分等量化指标，评估学生在跨学科知识掌握程度、技能运用能力及问题解决能力等方面的表现。这种方法具有客观性强、易于操作的特点，但需注意避免过分依赖分数而忽视学生综合素质的培养。

质性评估法：包括观察记录、访谈、作品分析、自我反思报告等，旨在深入了解学生的学习过程、学习态度、创新思维及跨学科应用能力等方面的变化。质性评估法能够提供更丰富、更全面的信息，有助于发现量化评估难以触及的问题。

混合评估法：结合量化评估与质性评估的优势，采用多种评估手段相结合的方式，对跨学科课程整合的效果进行全面、深入的评估。这种方法既能保证评估结果的客观性和准确性，又能充分反映学生的个体差异和多样性。

（三）跨学科课程整合效果评估的内容

知识掌握情况：评估学生对跨学科基础知识的掌握程度，包括计算机科学、数学、物理、生物等相关学科的基本概念、原理和方法。

能力提升情况：评估学生在跨学科问题解决能力、创新思维、团队协作能力、批判性思维等方面的提升情况。这些能力是学生未来职业发展与适应社会的重要基础。

学习态度与兴趣：评估学生对跨学科课程的学习态度、兴趣及参与度。良好的学习态度和浓厚的兴趣是推动学生持续学习和创新的重要动力。

教学效果与反馈：评估教师的教学效果，包括教学方法的适用性、教学内容的丰富性、教学资源的充足性等方面。同时，收集学生对教学的反馈意见，为教学改进提供依据。

（四）跨学科课程整合效果评估结果的应用

为教学改进提供依据：根据评估结果，分析跨学科课程整合中存在的问题与不足，提出针对性的改进建议，如调整课程结构、优化教学方法、增加教学资源等。

为学生学习提供指导：针对学生在跨学科知识掌握、能力提升方面的差异，提供个性化的学习指导和建议。帮助学生明确自己的学习目标和方向，提高学习效率和质量。

为教育管理提供决策支持：将评估结果作为学校管理层制定教育政策、调整教育资源配置的重要依据，促进教育资源的优化配置和高效利用。

为教育研究提供数据支持：通过跨学科课程整合的效果评估，积累丰富的教育数据资源。为教育研究提供实证依据和数据支持，推动教育的发展和进步。

（五）跨学科课程整合的持续改进策略

建立反馈机制：建立健全的反馈机制，确保评估结果能够及时、准确地反馈给教师和学生。通过定期召开教学研讨会、学生座谈会等方式，收集师生的意见和建议，为教学改进提供有力支持。

优化课程设计：根据评估结果和师生反馈意见，不断优化跨学科课程的设计。调整课程结构、更新教学内容、创新教学方法和手段，确保课程能够紧跟时代发展和行业需求的变化。

加强师资培训：加强跨学科师资培训，提升教师的跨学科教学能力和科研水平。通过组织教师参加跨学科培训、开展跨学科教研活动等方式，促进教师之间的交流与合作，共同提升教学质量和效果。

引入外部资源：积极引入外部资源，如邀请行业专家、学者来校讲座、指导教学；与企业合作开展实践教学项目等。通过引入外部资源，拓宽学生的视野和知识面，提升他们的实践能力和创新能力。

建立激励机制：建立科学的激励机制，鼓励教师等相关人员积极参与跨学科课程整合的教学改革。通过设立教学奖励、科研成果奖励等方式，激发师生的积极性和创造力，推动跨学科课程整合的持续深入发展。

第四节　实践课程的强化与创新

一、实践课程在高职计算机类专业中的重要性

在高等职业教育领域，计算机类专业更是承载着培养技能型、应用型人才的重要使命。实践课程作为高职计算机类专业教学体系中的重要组成部分，其地位和作用不容忽视。

理论知识学习是基础，但仅有理论知识是远远不够的。实践课程为学生提供了一个将理论知识转化为实际技能的平台，使学生能够在实践中深化对理论知识的理解，掌握实际的操作技能。通过实践课程，学生可以亲身体验计算机技术的魅力，激发其学习兴趣、增强学习动力。同时，实践中的问题和挑战也能促使学生主动思考，培养解决问题的能力。

高职计算机类专业的学生未来大多将从事技术型、操作型的工作，因此，掌握扎实的专业技能至关重要。实践课程通过模拟真实的工作场景和项目，让学生在“做中学”“学中做”，逐步提升专业技能。例如，在软件开发实践课程中，学生可以参与完整的软件开发流程，从需求分析、设计、编码到测试和维护，全方位锻炼自己的软件开发能力。在网络与系统管理实践课程中，学生可以学习网络配置、服务器管理、安全防护等技术，掌握网络和系统管理的基本技能。

创新是计算机科学与技术领域持续发展的动力源泉。实践课程为学生提供了自由探索、大胆尝试的空间，有助于培养学生的创新意识和创新能力。在实践过程中，学生需要面对各种未知的问题和挑战，这要求他们不断尝试新的思路和方法，寻找最优的解决方案。

实践课程作为连接学校与市场的桥梁，还有助于学校及时了解市场需求和行业动态，调整教学方向和内容。通过实践课程，学生可以接触到最

新的技术和工具，了解行业发展趋势和人才需求，为未来的职业发展做好充分准备。通过实践课程，学校可以探索更加灵活多样的教学模式和方法，还能促进教师与企业的合作与交流，共同开发教学资源和实践项目，推动产学研深度融合。

在就业竞争日益激烈的今天，具备实践经验和实际操作能力的学生更容易受到用人单位的青睐。实践课程通过为学生提供丰富的实践机会和平台，使他们能够在实践中积累经验、提升能力。这些实践经验和能力不仅有助于学生在求职过程中脱颖而出，还能使他们在未来的工作中更快地适应岗位需求、发挥自身优势。因此，实践课程是提升高职计算机类专业学生就业竞争力的关键所在。

二、实践课程的强化策略与创新方法

在高职计算机类专业教育中，实践课程不仅是理论知识的延伸与应用，更是培养学生实际操作能力、创新思维和职业素养的关键环节。为了进一步提升实践课程的教学效果，适应行业快速发展的需求，必须采取一系列强化策略与创新方法。

（一）强化策略

教育机构应明确实践课程的教学目标，即要培养学生具备哪些技能和能力。基于这些目标，优化课程设计，确保课程内容既涵盖基础知识，又贴近行业前沿，同时注重实践操作与理论知识的融合。课程设计应体现层次性，从基础技能训练到综合项目实践，逐步提升学生的实践能力。

校企合作是强化实践课程的有效途径。学校通过与行业企业建立紧密的合作关系，可以在教学中引入真实的项目案例，让学生在模拟或真实的职场环境中进行实践。这样不仅能增强学生的实践操作能力，还能让他们提前了解行业规范、工作流程和市场需求。

教师是实践课程中提高教学质量的关键。学校应加强对教师的实践教学能力培训，包括行业最新技术、教学方法、课程设计等方面的培训；鼓励教师参与企业实践、科研项目和竞赛活动，提升他们的实践经验和教学能力。学校还应建立教师激励机制，鼓励教师积极投入实践教学工作。

实践教学设施和资源的完善是保障实践课程教学质量的基础。应加大对实践教学设施的投入，建设先进的实验室、实训室和实训基地等，配备齐全的实验设备和软件资源。加强数字化教学资源建设，如虚拟仿真实验平台、在线课程等，为学生提供更加便捷、高效的实践学习途径。

（二）创新方法

项目式教学法是一种以项目为核心的教学模式，通过让学生参与完整的项目实践过程来培养其实际操作能力和创新思维。在计算机类专业实践课程中，可以引入企业真实项目或模拟项目，让学生分组进行需求分析、设计、编码、测试和维护等各个环节的实践。

翻转课堂是一种颠覆传统课堂的教学模式，将知识传授和知识内化的过程颠倒过来。在计算机类专业实践课程中，教师可以利用翻转课堂模式，在课前通过视频、PPT 等数字化教学资源向学生传授基础知识，而在课堂上则更多地聚焦于实践操作、问题讨论和协作学习。这样可以充分利用课堂时间进行深度互动和实践操作，提高教学效率和质量。

虚拟仿真技术是一种利用计算机技术模拟真实环境的技术手段。虚拟仿真技术具有成本低、效率高、安全性好的优点，能够为学生提供更加便捷、高效的实践学习途径。

竞赛驱动教学法是一种以竞赛为驱动的教学模式，通过组织学生参加各类技能竞赛来激发其学习兴趣和积极性。在计算机类专业实践课程中，教师可以组织各种技能竞赛、项目竞赛和创意竞赛等活动，让学生在竞赛中展示自己的才华和实力。

跨学科融合实践是一种将不同学科领域的知识和技能融合在一起进行实践的教学方法。在计算机类专业实践课程中，可以引入其他学科的知识和技能进行跨学科融合实践。例如，将计算机科学与技术、数学、艺术等学科进行融合，开发具有创新性和实用性的跨学科项目。

三、实践课程与学生实践能力的关系

在高等职业教育体系中，实践课程不仅是理论知识向实际操作转化的桥梁，更是培养学生实践能力、创新思维和职业素养的核心环节。学生实践能力的强弱，直接关系到其未来在职场中的竞争力和发展潜力。所以，探讨实践课程与学生实践能力的关系，对于提升高职计算机类专业的教学质量具有重要意义。

（一）实践课程的本质与功能

实践课程是相对于理论课程而言的，它侧重于通过实际操作、项目实践等方式，让学生在模拟或真实的工作环境中应用所学知识，解决实际问题。实践课程不仅要求学生掌握基本的操作技能，还强调对知识的综合运用、创新思维的培养以及职业素养的塑造。

知识转化：将抽象的理论知识转化为具体的实践技能，帮助学生更好地理解和掌握知识。

技能提升：通过反复练习和实际操作，提升学生的专业技能和实际操作能力。

创新思维：鼓励学生在实践中探索新方法、新思路，培养其创新意识和创新能力。

职业素养：模拟职场环境，培养学生的团队合作精神、沟通协调能力、责任心等职业素养。

（二）学生实践能力的内涵与构成

1. 实践能力的内涵

实践能力是指个体在解决实际问题时所展现出的综合能力，包括操作技能、问题解决能力、创新思维、团队协作能力等多个方面。它是个体在特定情境下，运用所学知识、技能和经验，通过实践活动达到预期目标的能力。

2. 实践能力的构成

操作技能：指个体在特定领域或任务中所需掌握的基本操作技能和程序性知识。

问题解决能力：指个体在面对复杂问题时，能够运用所学知识、方法和经验，分析问题、提出解决方案并付诸实施的能力。

创新思维：指个体在实践活动中，能够突破传统思维束缚，提出新颖、独特、有价值的想法或解决方案的能力。

团队协作能力：指个体在团队中，能够与他人有效沟通、协作，共同完成任务或项目的能力。

四、实践课程的改革与创新方向

在高等教育体系中，实践课程作为连接理论知识与实际应用的重要桥梁，其改革与创新对于提升学生综合素质、培养适应未来社会需求的人才具有深远意义。随着科技的飞速发展和社会的不断进步，传统实践课程的教学模式已难以满足当前及未来人才培养的需求。因此，探索实践课程的改革与创新方向，成为教育领域亟待解决的问题。

（一）实践课程改革的必要性

在知识经济时代，创新能力和实践能力已成为衡量人才价值的重要标准。传统的实践课程往往侧重于基础技能的训练，忽视了对学生创新思维、跨学科整合能力等综合素质的培养；还存在教学内容陈旧、教学方法单一、教学资源匮乏等问题，导致教学效果不佳，难以满足学生的学习需求。因此，实践课程改革势在必行，以适应时代发展对人才的需求。

随着产业结构的调整和升级，教育与产业的融合已成为必然趋势。实践课程改革应加强与产业的联系，引入行业前沿技术和项目，使学生在实践中了解行业动态、掌握先进技术。

（二）实践课程改革的创新方向

1. 课程内容与体系的创新

根据行业发展趋势和市场需求，及时更新实践课程内容，引入前沿技术和项目，确保教学内容的时效性和前瞻性。打破传统课程体系的束缚，构建模块化课程体系，允许学生根据自己的兴趣和职业规划选择相应的实践课程模块，实现个性化学习。鼓励跨学科实践课程的开发，将不同学科的知识和技能有机融合，培养学生的创新思维和综合能力。

2. 模式与教学方法的创新

以项目驱动学习和翻转课堂创新模式为核心，项目驱动学习使学生通过参与真实的项目来学习计算机技术，在团队合作的环境中解决问题和完成任务；翻转课堂强调学生在课堂之外进行学习，而在课堂上进行探究与讨论，通过个性化学习和互动式教学提高了学生的学习效果。

教学方法创新包括游戏化学习、社交学习、自主学习等。游戏化学习通过将游戏元素引入到学习过程中，增加学习的趣味性和参与度。学生通过完成任务、解决难题和获得成就来获得积分或奖励，从而推动学习的积极性。社交学习重视学生之间的互动和合作，通过小组项目、讨论和合作学习，学生可以分享知识、解决问题和互相学习，有利于培养学生的团队合作和沟通能力。自主学习通过给予学生自主选择和控制学习过程的权力来激发其学习兴趣和动力。学生可以根据自己的兴趣和能力选择学习内容，自主制订学习计划，并通过反馈来评估和调整学习策略。这种方法培养了学生的自主学习能力和自我管理能力。

3. 教学资源与平台的创新

加强与企业、科研机构的合作，共建实践教学基地，为学生提供真实的实践环境和项目资源。加大对实践教学设施的投入力度，引进先进的实验设备和软件资源，满足实践教学的需求。利用互联网技术搭建在线实践平台，打破时空限制，为学生提供灵活多样的学习方式。

4. 评价体系与机制的创新

构建多元化评价体系，将校外评价和校内评价、过程性评价和结果评价、直接评价和间接评价等多种评价方式相结合，可有效提升和评价学生的动手实践能力、自主学习能力和创新能力等。根据行业标准和企业需求制定实践课程评价标准，确保学生实践能力和职业素养的培养符合市场需求。建立实践教学反馈与改进机制，定期收集学生、教师和企业等各方面的反馈意见，及时调整和优化实践教学内容和方法。

第五节　课程内容更新与拓展

一、课程内容更新的必要性与紧迫性

课程内容作为知识传授与能力培养的载体，其质量直接影响到学生的学习成效与未来发展。随着社会的快速进步、科技的日新月异以及全球化趋势的加强，课程内容更新的必要性与紧迫性日益凸显。

（一）适应时代变迁的需求

进入 21 世纪以来，信息技术、人工智能、生物科技等前沿领域迅猛发展，不断改变着人类的生产生活方式和思维模式。这些新技术的出现和应用，要求课程内容必须及时跟进，将最新的科技成果纳入教学体系，使学生能够在学习过程中掌握前沿知识，为未来的职业发展奠定坚实的基础。随着产业结构的调整和升级，社会对人才的需求也在不断变化，新兴行业如互联网、大数据、云计算等则呈现出强劲的增长势头，对人才的需求也越来越多。这就要求课程内容必须与社会需求紧密对接，调整专业设置和课程内容，培养符合市场需求的高素质人才。

在全球化的背景下，国际竞争日益激烈，各国都在努力提升教育水平，培养具有国际视野和创新能力的人才。课程内容更新不仅要关注国内需求，还要关注国际趋势，引入国际先进的教育理念和教学内容，提升我国教育的国际竞争力。

（二）促进学生全面发展的需求

创新是引领发展的第一动力。在知识经济时代，创新能力已成为衡量人才价值的重要标准。传统课程内容往往侧重于基础知识的传授和基本技能的训练，忽视了对学生创新能力的培养。课程内容更新应注重引入探究式学习、项目式学习等新型教学模式，激发学生的创新思维和创造潜能。

综合素质是指个体在思想、文化、身体、心理等方面所具备的综合能力和素养。传统课程内容往往过于注重学科知识的传授，而忽视了对学生综合素质的培养。因此，课程内容更新应强调跨学科整合和综合素质教育，通过开设跨学科课程、社会实践课程等方式，提升学生的综合素质和综合能力。

每个学生都是独一无二的个体，具有不同的兴趣爱好和特长。传统课程内容往往采用统一的教学大纲和教材，难以满足学生个性化发展的需求，所以课程内容更新应关注学生的个性差异和兴趣需求，提供多样化的课程选择和个性化的学习支持，促进学生的个性化发展。

（三）提升教育质量的需求

教学理念是指导教学实践的重要思想基础。传统教学理念往往注重知识的传授和技能的训练，而忽视了对学生主体性和创造性的培养。教学方法是实现教学目标的重要手段。传统教学方法往往采用讲授式、填鸭式等单一的教学方式，难以激发学生的学习兴趣和积极性。因此，课程内容更新应伴随教学方法的优化，引入启发式、讨论式、案例式等新型教学方法，提高教学效果和学习效率。

评价体系是衡量教学质量和学习成效的重要标准。传统评价体系往往过于注重考试成绩和分数排名，忽视了对学生综合素质和能力的评价。因此，课程内容更新应伴随评价体系的完善，构建多元化、全面化的评价体系，关注学生的全面发展和个性差异。

（四）课程内容更新的紧迫性

在信息时代，知识更新的速度越来越快。据统计，人类知识总量每隔几年就会翻一番。这意味着学生必须不断学习新知识、掌握新技能才能跟上时代的步伐。课程内容更新必须紧跟时代步伐，及时更新教学内容和教学方法以适应知识更新的需求。还需密切关注社会变革的动向和趋势，及时调整教学内容和教学方法，以适应社会变革的需求。

随着社会的进步和经济的发展，学生的需求也日益多样化。他们不仅希望学到实用的知识和技能，还希望在学习过程中获得情感体验和人格成长。所以，课程内容更新迫在眉睫。

二、课程内容更新的策略与方法

在快速变化的知识经济时代，课程内容作为教育体系的核心要素，其更新与迭代成为提升教育质量、培养适应未来社会需求人才的关键。课程内容更新不仅要求紧跟科技前沿、反映社会变革，还需关注学生的个性化需求与全面发展。

（一）课程内容更新的策略

课程内容更新需明确目标，即确定更新后课程内容应达到的预期效果。这包括知识体系的完善、技能训练的实用性、创新思维的培养、综合素质的提升等多个维度。明确目标有助于指导整个更新过程，确保更新方向正确、重点突出。课程内容应紧密跟随时代步伐，及时吸取科技、经济、文化等领域的最新成果。这要求教育者具备敏锐的洞察力，能够准确把握时代脉搏，将前沿知识、技术、理念等融入课程内容之中。

在现在这个知识爆炸的时代，单一学科的知识已难以满足复杂问题的解决需求。课程内容更新应强化跨学科整合，打破学科壁垒，促进不同学科之间的交叉融合。通过开设跨学科课程、组织跨学科项目等方式，培养学生的综合思维能力和解决复杂问题的能力。

学生是课程内容的直接受益者，他们的需求是课程内容更新不可忽视的重要因素。学校在更新课程内容时，应充分调研学生的兴趣爱好、职业规划、学习风格等，确保更新后的课程内容能够激发学生的学习兴趣与提高其积极性，满足他们的个性化需求。

课程内容更新并非一劳永逸的过程，而是需要根据时代变化、科技进步和学生需求等进行动态调整的过程。学校应建立课程内容动态调整机制，定期对课程内容进行评估和修订，确保课程内容始终保持前沿性、实用性和针对性。

（二）课程内容更新的方法

通过查阅最新文献资料、参加学术会议、与企业合作等方式，学校应及时了解并掌握相关领域的前沿知识，在更新课程内容时，将这些前沿知识融入其中，使学生能够在学习过程中接触到最新的研究成果和技术动态。同时，还可以通过开设专题讲座、研讨会等形式，邀请专家学者来校讲解前沿知识，拓宽学生的视野和知识面。

传统的课程体系往往按照学科门类进行划分，存在知识重复、衔接不畅等问题。在更新课程内容时，可以借鉴国际先进经验，重构课程体系。例如，采用模块化课程体系设计，将课程内容划分为若干个相互独立又相互联系的模块，学生可以根据自己的兴趣和职业规划选择相应的模块进行学习。此外，还可以加强课程之间的衔接和融合，形成有机联系的知识体系。

教学方法是影响教学效果的重要因素之一。在更新课程内容的同时，也要创新教学方法。例如，采用探究式学习、项目式学习等新型教学模式，引导学生主动探索、实践和创新；利用多媒体、网络等现代教学手段，丰富教学形式和手段；开展翻转课堂等教学改革实践，提高课堂互动性和学生参与度。

实践教学是课程内容更新不可或缺的一部分。通过加强实践教学环节，可以使学生将所学知识应用于解决实际问题，培养他们的实践能力和创新思维。在更新课程内容时，可以加强实验、实训、实习等实践教学环节的设计和实施。例如，增加实验课时、更新实验设备、开设综合实训项目等；与企业合作建立实习基地、开展产学研合作等；鼓励学生参与科研项目、竞赛活动等。这些措施有助于提高学生的实践能力和综合素质。

课程内容更新是一个持续的过程，需要不断收集学生、教师、企业等各方面的反馈意见。因此，学校应建立课程内容更新反馈机制，定期收集并分析各方意见。例如，通过问卷调查、座谈会、个别访谈等方式收集学生和教师的意见；通过校企合作、企业调研等方式了解企业对人才的需求和反馈；通过教学评估、课程评价等方式对课程内容进行客观评价。这些反馈意见有助于发现课程内容更新中存在的问题和不足，为后续的改进提供重要依据。

三、课程内容拓展的方向与路径

在教育领域，课程内容不仅是知识传授的基石，更是培养学生综合素质、激发创新思维的重要载体。随着社会的快速发展和科技的日新月异，课程内容的拓展已成为教育改革的重要议题。

（一）课程内容拓展的方向

跨学科融合是课程内容拓展的重要方向之一。传统教育模式往往将知识划分为不同的学科领域，导致学生难以形成全面的认知结构和综合应用能力。而跨学科融合则强调不同学科之间的交叉与融合，通过整合多学科知识，构建综合性课程体系，培养学生的综合思维能力和解决问题能力。

实践与创新是课程内容拓展的另一重要方向。理论知识的学习是基础，但将知识应用于实践并创造出新的价值才是教育的最终目的。因此，课程内容拓展应注重实践环节的设计与创新能力的培养。通过增设实验、实训、项目研究等实践课程，让学生在实践中深化对理论知识的理解，掌握实际操作技能；鼓励学生参与创新活动，如科技竞赛、创新创业项目等，激发他们的创新精神和创造力。

全球化时代背景下，具有国际视野成为人才培养的重要目标。课程内容拓展应关注国际趋势和多元文化，引入国际先进的教育理念、教学方法和课程内容，拓宽学生的国际视野。

人文关怀和社会责任是教育内容不可或缺的部分。课程内容拓展应注重学生的人文素养和社会责任感的培养。通过增设文学、艺术、哲学等人文课程，引导学生关注人类精神世界的丰富性和多样性；加强社会实践和社会服务环节的设计，让学生在参与社会实践中了解社会现实、关注社会问题、培养社会责任感和公民意识。

（二）课程内容拓展的路径

优化课程结构是课程内容拓展的基础。通过对现有课程体系的梳理和分析，找出存在的问题和不足，进而对课程结构进行优化调整。具体而言，可以根据学科特点和学生需求，调整课程门类和课时比例；打破学科壁垒，促进跨学科课程的开设和融合；增加实践课程和创新课程的比重等。通过优化课程结构，构建更加科学合理、符合时代要求的课程体系。引入优质资源是课程内容拓展的重要手段。优质资源包括国内外先进的教材、教学案例、教学视频、在线课程等。通过引入这些资源，可以丰富课程内容、提高教学质量和效果；还可以利用现代信息技术手段，如云计算、大数据、人工智能等，构建智慧教育平台，实现教学资源的共享和优化配置。

教师是课程内容拓展的关键力量。加强师资培训是提升教师素质和教学能力的重要途径。通过组织教师参加专业培训、教学研讨等活动，提高教师的专业水平和教学技能；鼓励教师参与课程改革和教学实践研究，探索新的教学方法和模式；引导教师关注学科前沿和社会热点问题，拓宽视野和思路。通过加强师资培训，可以培养一支高素质、专业化的教师队伍，为课程内容拓展提供有力的人才保障。

建立合作机制是课程内容拓展的重要保障。合作机制包括校际合作、校企合作、国际合作等多种形式。通过校际合作，可以共享优质教育资源和教学经验；通过校企合作，可以引入企业资源和需求导向的教学内容及实践环节；通过国际合作，可以借鉴国际先进的教育理念和教学方法。通过建立合作机制，可以实现教育资源的优化配置和共享利用，促进课程内容拓展的深入发展。

四、课程内容更新与拓展的效果评估

在教育改革的大背景下，课程内容的更新与拓展不仅是提升教学质量、促进学生全面发展的关键举措，也是适应时代变迁、培养未来社会所需人才的重要途径。然而，课程内容更新与拓展的效果如何，是否达到预期目标，需要通过科学、全面的评估来检验。

（一）评估的重要性

课程内容更新与拓展是一个持续的过程，需要不断地进行试错与调整。通过效果评估，可以及时发现更新与拓展过程中存在的问题和不足，为后续的改进提供依据和方向，确保更新与拓展的有效性和针对性。课程内容更新与拓展的最终目的是促进学生的全面发展。通过评估，可以检验更新与拓展后的课程内容是否真正满足学生的需求，是否有助于提高学生的综合素质和能力水平，从而确保学生发展目标的实现。

教学效果是评估课程内容更新与拓展成功与否的重要标准之一。通过评估，可以了解更新与拓展后的课程内容在实际教学中的应用情况，发现教学中存在的问题和不足，为教学质量的提升提供有力支持。

（二）评估原则

评估应基于客观事实和数据，避免主观臆断和偏见。通过收集和分析客观指标和数据，如学生成绩、学习满意度、教师反馈等，来全面、准确地反映课程内容更新与拓展的效果。评估应涵盖课程内容更新与拓展的各个方面和环节，包括课程目标、课程内容、教学方法、教学资源、学生发展等多个维度。只有全面评估，才能全面了解更新与拓展的效果，为后续的改进提供全面的参考。

课程内容更新与拓展是一个持续的过程，评估也应具有持续性。通过定期评估，可以及时了解更新与拓展的效果变化，为持续改进提供依据。同时，持续评估还有助于形成良性的反馈机制，推动课程内容更新与拓展的不断深入。

（三）评估方法

量化评估是通过收集和分析量化指标来评估课程内容更新与拓展的效果。常用的量化指标包括学生成绩、学习满意度、教学满意度等。通过对比更新与拓展前后的量化指标变化，可以直观地反映更新与拓展的效果。需要注意的是，量化评估往往难以全面反映所有方面的效果，因此应结合其他评估方法进行综合评估。质性评估是通过收集和分析非量化信息来评估课程内容更新与拓展的效果。常用的质性评估方法包括访谈、观察、案例研究等。通过深入了解学生、教师和其他利益相关者的感受和意见，可以更加全面、深入地了解更新与拓展的效果及其背后的原因。质性评估有助于发现量化评估难以发现的问题和不足，为教学的改进提供更具针对性的建议。

混合评估是将量化评估和质性评估相结合的一种评估方法。通过综合运用两种评估方法，可以既关注客观指标的变化，又深入了解利益相关者的感受和意见，从而更加全面、准确地评估课程内容更新与拓展的效果。混合评估方法具有灵活性和全面性的优势，适用于复杂的教育评估场景。

（四）评估结果的应用

评估结果的首要应用是指导改进。根据评估结果中发现的问题和不足，可以制订相应的改进措施和计划，对课程内容、教学方法、教学资源等方面进行调整和优化。通过持续改进，不断提升课程内容更新与拓展的效果和质量。

评估结果还可以作为激励教师的手段。对于在课程内容更新与拓展中表现突出的教师给予表彰和奖励，可以激发教师的积极性和创造力，推动更多教师参与到课程内容更新与拓展的实践中来。同时，通过分享优秀案例和经验，可以促进教师之间的交流和合作，共同提升教学质量和效果。

评估结果还可以为教育决策提供支持。通过收集和分析大量评估数据和信息，教育机构可以了解课程内容更新与拓展的整体状况和发展趋势，为教育政策的制定和调整提供依据。评估结果还可以为学校、院系等教育机构的资源配置和战略规划提供参考。评估结果最终应服务于学生的全面发展。通过评估结果的分析和应用，可以及时发现学生在学习过程中存在的问题和困难，为学生提供个性化的指导和帮助。评估结果还可以反映学生的成长和进步情况，为学生自我认知和自我提升提供有力支持。

第五章 教学方法与手段的创新

第一节 案例教学法的应用与实践

一、案例教学法的定义与特点

（一）案例教学法的定义

案例教学法，或称以案例为基础的教学法，是一种开放式、互动式的新型教学方式。它起源于 19 世纪末至 20 世纪初，由美国哈佛法学院前院长克里斯托弗·朗代尔（C.C. Langdell）首创，后经哈佛商学院等机构的推广，逐渐发展成为一种在全球范围内广泛应用的教学方法。案例教学法并非简单地在课堂教学中举例分析，而是将学生置于特定的案例情境中，通过师生之间的多向互动和积极研讨，引导学生分析问题、解决问题，并在此过程中提高学生的识别、分析和解决具体问题的能力，同时培养其正确的管理理念、工作作风、沟通能力和协作精神。

案例教学法中的案例，是基于一定事实编写的，旨在达到明确教学目的的故事。这些案例既不是虚构的故事，也不是简单的事实陈述，而是经过精心挑选和设计的，能够引发学生深入思考和讨论的教学材料。在案例教学中，学生需要运用所学的基础知识和分析技术，对案例进行深入剖析，提出解决方案，并在讨论和辩论中不断完善自己的想法和观点。

（二）案例教学法的特点

案例教学法具有显著的开放性特点。它打破了传统教学中教师单向传授知识的模式，鼓励学生积极参与讨论和辩论，形成多向互动的教学氛围。在案例教学中，学生可以自由表达自己的观点和见解，与教师和同学进行深入的交流和讨论。这种开放性的教学方式有助于激发学生的创造力和批判性思维，培养学生的独立思考能力和解决问题能力。

案例教学法的另一个重要特点是互动性。在案例教学中，学生之间的讨论和辩论是教学过程的核心环节。通过学生之间的交流和碰撞，他们可以拓宽视野、丰富知识、深化理解。同时，教师也能参与讨论过程，引导学生深入思考、发现问题并寻求解决方案。这种互动性的教学方式有助于提高学生的沟通能力和协作精神，培养学生的团队合作精神和领导力。

案例教学法强调实践性和应用性。它通过将学生置于特定的案例情境中，让学生在实际操作中学习和掌握知识及技能。在案例教学中，学生需要运用所学的基础知识和分析技术来解决实际问题，这种实践性的教学方式有助于提高学生的实践能力和应用能力。通过案例教学法，学生还可以了解行业发展趋势和市场需求，为未来的职业发展打下坚实的基础。

案例教学法具有高度的针对性。它针对特定的教学目标和教学任务来选择和设计案例。在案例教学中，教师会根据学生的实际情况和需要来选择具有代表性和典型性的案例，以便更好地引导学生进行深入的思考和讨论。

案例教学法还强调反思性。在案例教学过程中，学生需要不断反思自己的思考过程和解决方案的合理性。通过反思，学生可以发现自己的不足之处并寻找改进的方法。教师也会对学生的表现和讨论过程进行及时的反馈和评价，帮助学生更好地认识自己的优点和不足。

案例教学法的案例来源广泛、类型多样，来自现实生活、商业实践、历史事件、科学研究等多个领域。这种多样性的案例来源有助于拓宽学生的视野和知识面，提高学生的综合素质和能力。不同类型的案例还可以满足不同学生的学习需求和兴趣爱好，激发学生的学习积极性和创造力。

（三）案例教学法的作用与价值

案例教学法在教育教学领域具有重要的作用和价值。首先，它有助于培养学生的实践能力和应用能力。通过案例教学，学生可以在实际操作中学习和掌握知识和技能，提高自己的实践能力和应用能力。其次，案例教学法有助于激发学生的创造力和批判性思维。在案例教学中，学生需要独立思考、分析问题并提出解决方案。再则，案例教学法有助于提高学生的沟通能力和协作精神。学生需要与他人进行深入的交流和讨论，这个过程有助于提高学生的沟通能力和协作精神。最后，案例教学法还有助于促进教育教学的改革和创新。通过引入案例教学法等新型教学方式和方法，可以推动教育教学的不断改革和创新，提高教育教学的质量和效果。

二、案例教学法在高职计算机类专业中的应用

随着教育改革的深入和教学方法的不断创新，案例教学法在高职计算机类专业中的应用日益广泛，并取得了显著成效。案例教学法是一种以案例为基础，通过师生之间的多向互动和积极研讨，引导学生分析问题、解决问题，从而提升学生综合素质和能力的教学方法，其特点主要包括开放性、互动性、实践性、针对性、反思性和多样性。这些特点使得案例教学法在高职计算机类专业中能够充分发挥其优势，促进教学质量的提升。

（一）案例教学法在高职计算机类专业中的应用现状

在高职计算机类专业中，案例教学法已成为一种重要的教学手段。教师根据教学内容和学生特点，设计具有针对性和实用性的教学案例，通过引导学生分析、讨论和实践，使学生在掌握理论知识的同时，提高解决实际问题的能力。目前，案例教学法在高职计算机类专业中的应用主要体现在以下几个方面：

在计算机基础操作、编程语言、数据库管理、网络技术等课程中，教师会结合具体案例进行讲解和演示，帮助学生更好地理解抽象的理论知识。

在实训教学中，教师会设计一系列与职业岗位紧密相关的案例，让学生在模拟的真实工作环境中进行实际操作，提高技能水平。通过组织参与各类计算机竞赛、项目实践等活动，让学生在解决实际问题的过程中锻炼能力，提升综合素质。

（二）案例教学法在高职计算机类专业中的优势

案例教学法通过引入具体、生动的案例，激发学生的学习兴趣和好奇心，使他们在轻松愉快的氛围中学习。案例教学法强调理论与实践相结合，使学生在掌握理论知识的同时，能够灵活运用所学知识解决实际问题，从而提高教学效果。

案例教学法不仅关注学生的知识掌握情况，还注重培养学生的分析能力、沟通能力、协作精神和创新思维等综合能力。案例教学法的引入促进了高职计算机类专业教学模式的改革和创新，推动了教育教学质量的提升。

（三）案例教学法在高职计算机类专业教学中的应用策略

1. 发挥学生的主体地位，促进学生主动参与

教师应改变以往传统的教学模式，通过科学引入案例教学法，将计算机理论专业知识与实践技能相融合，加强师生间的交流与互动，了解学生的学习情况和学习需求。科学设计案例教学流程，并结合教学的基本要求，将学生分成不同的小组，共同研讨，对案例中发现的问题进行分析，并探讨解决方案。在此过程中，教师要坚持以学生为主体，发挥自身的主导者与支持者的角色，指导学生开展思想交流与讨论，并进行信息搜集与情景操作等。通过为学生营造有趣、生动的教学环境，鼓励学生自主探究、分享观点，成为探索与学习知识的主体。此外，教师也可以设定相关问题，以提问的方式，让小组进行回答，鼓励学生应用创新思维进行知识的实际运用，这样能有效提高学生的学习成效。

2. 将案例教学与其他教学方法相结合

教师在应用代表性案例进行讲解的过程中，也需要结合小组探讨、合作交流等学习方法。通过运用这些方法，不仅能营造更加良好的学习氛围，让学生迅速融入教学之中，还能促进学生之间的合作互动，让学生共同运用计算机知识与技能对案例进行深入剖析，并开展有效的实践，增强学生对专业理论知识的巩固及运用能力。与此同时，还应鼓励学生通过网络信息平台查找案例资料，并进行实践操作，通过网络自主学习，加深学生对计算机专业知识的深刻了解。这一方法在多媒体案例教学中具有较大的应用空间。单一的案例教学无法让学生获得更全面的技能知识，只有让学生进行小组合作探究再加之以网络自主学习等方法，才能真正有效地提升学生的计算机专业综合能力。

3. 优化案例教学评价环节

在应用案例教学法开展高职计算机类专业教学后，教师应重视后期的教学总结评价。这一评价不仅包括对案例教学成效的评价，还包括对学生案例作业的评价等。优化教学评价体系是高职教育教学改革不断深化的基本要求。因此，教师要合理设计学生小组学习的指标情况，并在课程结束后，对学生的表现情况进行客观中肯的评价。对学生表现较好的亮点要大力表扬，也要针对学生的不足之处，进行后期课程设计的优化。这样不仅能促使学生增强对计算机知识与技能的学习热情，还能不断创新改良案例教学法，提升教学质量。此外，还可以采取师生互评的方式，让学生给教师提建议，不断优化案例教学内容。实际上，高职学生思维活跃，对计算机技术有自己的看法和见解，在后期的教学评价环节，教师要给予学生更多机会表达自己，通过师生互评互动的方式，构建和谐的师生关系，提升案例教学的效率与质量。

第二节　项目驱动式学习的设计与实施

一、项目驱动式学习的定义与特点

（一）项目驱动式学习的定义

项目驱动式学习是一种以项目为中心的教学模式，旨在通过引导学生参与实际或模拟的项目任务，让学生在解决问题的过程中主动学习、实践创新和团队协作，从而实现知识、技能和综合素质的全面提升。在项目驱动式学习中，学生不再是被动接受知识的对象，而是成为学习的主体，他们需要围绕项目的目标和要求，进行方案设计、实施、评估和反思等一系列活动，通过实践探索来建构自己的知识体系。

（二）项目驱动式学习的特点

项目驱动式学习的核心在于“项目”二字。这些项目通常来源于现实生活、工作场景或学科领域内的实际问题，具有明确的目标、要求和挑战。学生需要在教师的指导下，围绕项目的目标和要求展开一系列的学习活动。这种以项目为中心的学习方式，使得学生的学习目标更加明确，学习动机更加强烈，有利于激发学生的学习兴趣和主动性。项目驱动式学习注重学生的实践能力和创新能力的培养。在项目实施过程中，学生需要运用所学知识和技能解决实际问题，这要求他们不仅要掌握扎实的理论基础，还要具备灵活运用知识的能力。同时，项目驱动式学习鼓励学生进行创新和探索，通过尝试不同的方法和途径来解决问题，培养学生的创新意识和创新能力。

项目驱动式学习通常采用小组合作的方式进行。在项目实施过程中，学生需要组成团队，共同完成项目任务。这种团队合作的方式不仅有助于学生之间的交流与协作，还能培养他们的团队合作精神和沟通能力。在团队中，每个学生都能发挥自己的特长和优势，通过相互学习和帮助，共同提高。

项目驱动式学习强调知识的综合应用。项目驱动式学习还注重学生的综合能力的培养，包括问题解决能力、批判性思维能力、自主学习能力等。这些能力的培养对于学生未来的职业发展和个人成长都具有重要意义。在项目驱动式学习中，学生是学习的主体，教师则扮演着引导者和支持者的角色。教师需要根据学生的实际情况和项目的需求，设计合适的学习任务和活动，引导学生积极参与项目实施过程；教师还需要关注学生的学习进展和问题，及时给予指导和帮助，确保学生能够顺利完成项目任务。

项目驱动式学习不仅关注学生的学习结果，还注重学习过程的评价。在项目实施过程中，学生需要经历方案设计、实施、评估和反思等多个环节，这些环节都是学生学习过程的重要组成部分。通过对学生学习过程的评价，教师可以更好地了解学生的学习情况和进步程度，从而为他们提供更加个性化的指导和帮助。

项目驱动式学习通常涉及多个学科领域的知识和技能，这有助于拓宽学生的学习视野和知识面。在项目实施过程中，学生需要运用多学科的知识来解决问题，这要求他们具备跨学科的知识整合能力。通过跨学科的学习和实践，学生可以更加全面地了解不同学科之间的联系和区别，从而更好地适应未来社会的需求。

（三）项目驱动式学习的实施策略

项目驱动式学习是一种注重学生自主探究和实践的教学方法，通过让学生参与真实的项目活动，培育他们的问题解决能力、团队合作能力和创新思维。在实施项目式学习时，教师需要精心设计项目任务、组织学生展开合作，并及时给予指导和反馈。

1. 明确项目目标和任务

在开始项目式学习之前，教师需要明确项目的学习目标和任务。项目目标应该具体明确，能够激发学生的学习兴趣和动力。任务设计应该具有一定的挑战性，能够促使学生动脑思考、动手实践。同时，任务的完成需要符合学生的年龄特点和能力水平，避免过于简单或过于复杂，确保学生能够在项目中获得成就感和学习收获。

2. 建立团队合作机制

项目式学习强调学生之间的合作与交流，因此建立团队合作机制是实施项目式学习的关键。教师可以根据学生的兴趣和特长，将他们分成不同的小组，让他们在小组内相互协作、共同解决问题。在团队合作过程中，学生可以相互学习、相互促进，培养团队精神和合作意识。

3. 提供资源支持和指导

在项目驱动式学习中，学生可能需要各种资源支持和指导，教师应该及时提供帮助。教师可以为学生提供相关的学习资料、技术设备和实践场地，帮助他们顺利完成项目任务；还应该定期组织学生进行项目进展汇报和成果展示，及时给予反馈和指导，帮助学生不断改进和提升。

4. 评估和总结项目成果

项目驱动式学习的最终目的是培养学生的综合能力和创新精神，因此评估和总结项目成果至关重要。教师可以根据项目目标和任务设计相应的评估标准和方式，对学生的表现进行全面评价；还可以组织学生对项目过程和成果进行总结和反思，帮助他们发现不足之处并不断改进。

二、项目驱动式学习在高职计算机类专业中的应用

在高等职业教育领域，计算机类专业作为技术密集型和应用型专业的代表，其教学质量和效果直接关系到学生未来的职业发展和市场竞争力。随着教育理念的更新和教学方法的创新，项目驱动式学习在高职计算机类专业中的应用日益广泛，并展现出显著的教学优势。

（一）项目驱动式学习在高职计算机类专业中的应用现状

在高职计算机类专业中，项目驱动式学习已成为一种重要的教学手段。随着企业对计算机专业人才需求的不断变化，传统的教学模式已难以满足行业对人才技能和创新能力的要求。因此，许多高职院校开始尝试将项目驱动式学习引入计算机类专业教学，通过实际项目的实施，培养学生的实践能力、创新能力和团队协作精神。

（二）项目驱动式学习在高职计算机类专业中的优势

提高学习兴趣和动力：实际项目的实施能够激发学生的学习兴趣和动力，使他们在解决实际问题的过程中体验到成就感，从而更加主动地学习。

增强实践能力：通过参与项目的设计、开发、测试等环节，学生能够更好地将理论知识应用于实践中，提高其动手能力和解决问题的能力。

培养创新能力:项目实施过程中，学生需要面对各种未知的挑战和问题，这有助于激发他们的创新思维和创造力，培养其解决问题的能力。

提升团队协作精神：项目驱动式学习通常采用小组合作的方式，学生在团队中相互协作、共同完成任务，有助于培养他们的团队合作精神和沟通能力。

满足企业需求：通过实施与企业实际需求紧密相关的项目，学生能够更好地了解行业动态和企业需求，为其未来的就业和职业发展奠定基础。

第三节　在线教学与面授教学的结合

一、在线教学与面授教学的优缺点分析

随着信息技术的飞速发展，教育领域也迎来了深刻的变革，其中最为显著的变化之一便是在线教学的兴起。在线教学，作为传统面授教学的一种补充和延伸，正逐渐在全球范围内普及开来。然而，无论是在线教学还是面授教学，都有其独特的优势和局限性。

（一）在线教学的优点

在线教学最大的优点在于其高度的灵活性和便捷性。学习者不再受地域、时间的限制，只要有网络连接，就可以随时随地参与到学习中来。这种灵活性不仅适用于全职工作者、家庭主妇等时间紧张的人群，也为偏远地区的学生提供了宝贵的学习资源。此外，学习者可以根据自己的学习进度和需求，自由安排学习时间和内容，实现个性化学习。在线教学平台通常汇聚了海量的教学资源，包括视频课程、电子书籍、在线题库、模拟实验等。这些资源不仅内容丰富、形式多样，而且更新迅速，能够紧跟时代步伐，满足学习者对新知识、新技能的需求。同时，学习者还可以通过搜索引擎、社交媒体等渠道获取更多外部资源，进一步拓宽知识面。

在线教学鼓励学习者自主学习，通过预习、复习、讨论等方式主动建构知识体系。许多在线教学平台还提供了协作学习的功能，如在线讨论区、小组作业、同伴互评等，使学习者能够在交流互动中相互学习、共同进步。这种学习方式有助于培养学习者的自主学习能力、批判性思维和团队协作能力。对于教育机构而言，在线教学能够显著降低教学成本。一方面，在线教学无须租赁实体教室、购买大量教学设备等硬件投入；另一方面，在

线教学可以覆盖更广泛的学生群体，提高教学资源的使用效率。此外，随着在线教育市场的竞争加剧，许多高质量的在线课程和服务都以相对较低的价格提供给学习者，进一步降低了学习成本。

（二）在线教学的缺点

在线教学虽然便捷高效，却难以替代面授教学中教师与学生之间的情感交流。在面授教学中，教师可以通过肢体语言、面部表情等方式传递情感信息，增强与学生的互动和共鸣。而在在线教学中，这种情感交流往往被削弱甚至缺失，可能导致学习者感到孤独、无助或缺乏动力。在线教学要求学习者具备较高的自律性和自我管理能力。然而，并非所有学习者都能做到这一点。在没有教师直接监督的情况下，部分学习者可能会出现拖延、分心、作弊等不良行为。这不仅会影响学习效果，还可能对学习者的心理健康产生负面影响。

虽然互联网普及率不断提高，但仍有一部分人群因技术门槛或设备限制而无法享受到在线教学的便利。例如，低收入家庭或偏远地区的学生可能因缺乏电脑、智能手机或稳定的网络连接而无法参与在线学习。此外，技术故障也是在线教学中常见的问题之一，如网络延迟、软件崩溃等，这些都可能给学习者带来不便。

（三）面授教学的优点

面授教学最显著的优点在于其丰富的情感交流与互动。在面授教学中，教师可以通过直接的语言交流、肢体语言和面部表情等方式与学生建立深厚的情感联系。这种情感联系有助于激发学生的学习兴趣和动力，提高学习效果。同时，学生之间也可以通过小组讨论、角色扮演等方式进行互动学习，增强团队协作能力和沟通能力。面授教学能够为学生提供实时的反馈和指导。教师可以在课堂上及时解答学生的疑问、纠正学生的错误、评估学生的学习进度和效果。这种即时反馈和指导有助于学生及时调整学习策略、改进学习方法、提高学习效率。

面授教学能够营造一种积极向上的学习氛围。在实体教室中，学生可以感受到来自教师和同学的支持和鼓励。这种氛围有助于激发学生的学习热情和创造力，使他们更加专注于学习任务并取得更好的成绩。面授教学不仅关注学生的学习成就，还注重学生的全面发展。在面授教学中，教师可以通过组织各种课外活动、社会实践等方式来拓宽学生的视野、培养学生的兴趣爱好和特长。这些活动有助于学生的身心健康发展和社会适应能力的提高。

（四）面授教学的缺点

面授教学受到时间和地点的严格限制。学生需要按照固定的时间表前往指定的地点上课，这可能会给一些学生带来不便。特别是对于那些时间紧张或居住地偏远的学生来说，面授教学可能会成为他们学习的障碍。面授教学的教学资源相对于在线教学来说，往往更为有限。实体教室的容量有限，限制了能够同时参与课程的学生数量。此外，教学材料、实验设备等资源的获取和更新也可能受到预算、空间等因素的限制，导致学生在某些领域的学习体验受限。

面授教学通常采用统一的教学进度和教学方法，难以满足每个学生的个性化学习需求。学生的学习能力、兴趣、背景各不相同，但在传统面授课堂中，教师往往难以针对每个学生的具体情况进行差异化教学。这可能导致部分学生在课堂上感到无聊或挫败，从而影响他们的学习效果和积极性。面授教学通常需要大量的硬件投入，如教室租赁、教学设备购置、教材印刷等。这些成本最终会转嫁到学生或教育机构身上，导致学费上涨或教育资源分配不均。对于经济条件较差的学生来说，高昂的学费可能成为他们接受优质教育的障碍。

二、在线教学与面授教学结合的策略与方法

随着信息技术的飞速发展，教育领域正经历着深刻的变革。在线教学

以其灵活性、便捷性和丰富的教学资源，逐渐成为教育领域的重要组成部分。然而，面授教学以其独特的优势，如情感交流、实时反馈和良好学习氛围等，仍然在教育过程中占据核心地位。因此，探索在线教学与面授教学相结合的策略与方法，成为提升教育质量、促进学生全面发展的重要途径。

（一）理论基础

混合式学习是一种将传统面授教学与数字化学习相结合的教学模式。它强调根据教学目标、学生特点和教学资源等条件，灵活运用线上线下的教学手段，以达到最优的教学效果。混合式学习理论为在线教学与面授教学的结合提供了坚实的理论基础，指导我们在实践中如何有效融合两种教学模式。

建构主义学习理论认为，学习是学习者主动建构知识的过程，而不是被动接受知识的过程。该理论强调学生的主体性、情境性和社会性，鼓励学生通过自主探究、合作交流等方式建构知识体系。在线教学与面授教学的结合，可以为学生提供更加丰富的学习情境和更加多样的学习方式，有助于促进学生的主动学习和知识建构。

（二）策略构建

制订合理的教学计划是在线教学与面授教学结合的前提。教学计划应明确教学目标、教学内容、教学方法、教学时间等要素，确保线上线下的教学活动能够有序衔接、互相补充。在制订教学计划时，教师应充分考虑学生的实际情况和学习需求，合理安排线上预习、线下讲解、线上复习等环节，使教学活动更加符合学生的学习规律和认知特点。

融合线上线下教学资源是在线教学与面授教学结合的关键。教师应充分利用线上平台提供的教学视频、教学课件、在线题库等丰富的教学资源，为学生提供多样化的学习材料和学习路径；还应结合线下教学的特点，设计适合面授教学的互动环节、实验活动等，使线上线下教学资源互相融合、互相支撑。

加强师生互动与反馈是在线教学与面授教学结合的重要保障。在线上教学中，教师可以通过即时通信工具、在线讨论区等方式与学生进行实时交流，解答学生的疑问和困惑；还可以通过在线作业、在线测试等方式收集学生的学习数据，了解学生的学习情况和问题所在。在线下教学中，教师应注重与学生的面对面交流。此外，教师还应及时给予学生反馈和指导，帮助学生解决学习中遇到的问题和困难。

在线教学与面授教学的结合为学生提供了更加自主和合作的学习空间。教师应注重培养学生的自主学习和合作学习的能力，引导学生学会独立思考、自主探究和合作交流。在线上教学中，教师可以通过设置自主学习任务、提供学习指南等方式引导学生开展自主学习；在线下教学中，教师可以组织小组讨论、合作学习等活动促进学生之间的交流和合作。

（三）方法实施

1. 翻转课堂

翻转课堂也可译为"颠倒课堂"，是指重新调整课堂内外的时间，将学习的决定权从教师转移给学生。在这种教学模式下，课堂内的宝贵时间，学生能够更专注于主动的基于项目的学习，共同研究解决问题，从而获得更深层次的理解。教师不再占用课堂的时间来讲授信息，这些信息需要学生在课前完成自主学习，他们可以看视频讲座、听播客、阅读功能增强的电子书，还能在网络上与别的同学讨论，能在任何时候去查阅需要的材料。教师也能有更多的时间与每个人交流。在课后，学生自主规划学习内容、学习节奏、风格和呈现知识的方式，教师则采用讲授法和协作法来满足学生的需要和促成他们的个性化学习，其目标是为了让学生通过实践获得更真实的学习。

2. 双师课堂

"双师课堂"是指由授课教师通过大屏幕对学生进行远程直播授课，同时班内安排一名辅导教师负责维护课堂秩序、回答学生疑问、布置作业的课堂教学模式。这种模式的特点在于通过两名教师的协同工作，提供更全面的教学服务，旨在提高课堂效果和学生学习体验。

授课教师通过视频直播的形式讲解课程内容，其上课内容还可以进行回放或二次剪辑，形成学校教学资源的积淀。学生可以通过观看直播或回放视频来学习课程内容。

每个线下班级配备一名辅导教师，在课上负责与授课教师配合开展教学及互动，观察并记录学生课堂表现，维持课堂秩序。在课后以线下或在线形式负责答疑、批改作业、课后测评、讲解习题及与家长沟通等工作。

第四节　虚拟现实技术在教学中的应用

一、虚拟现实技术的定义与特点

（一）虚拟现实技术的定义

虚拟现实技术，又称虚拟实境或灵境技术，是一种通过计算机模拟产生三维交互式环境，使用户能够沉浸其中的技术。它利用计算机生成的图像、声音、触觉等多种感官信息，为用户提供一种类似于现实世界的体验。虚拟现实技术将模拟环境、视景系统和仿真系统合三为一，通过头盔显示器、图形眼镜、数据服、立体声耳机、数据手套及脚踏板等传感装置，将操作者与计算机生成的三维虚拟环境紧密联系在一起。用户可以在虚拟环境中进行各种操作，与虚拟世界中的物体和角色互动，实现身临其境的感觉。

（二）虚拟现实技术的特点

虚拟现实技术具有多感知性，即能够模拟多种人体感官体验。在虚拟环境中，用户不仅可以获得视觉上的逼真体验，还能通过立体声耳机和触觉设备等感受到声音和触觉的反馈。这种多感知性使得虚拟现实技术能够创造出更加真实、立体的虚拟世界，让用户仿佛置身于真实环境之中。例如，在虚拟建筑设计中，用户可以通过手套和脚踏板等传感设备，在虚拟环境中行走、触摸建筑模型，感受其材质、尺寸和比例等细节，从而更加直观地了解设计方案。沉浸感是虚拟现实技术的核心特点之一。它通过高度真实的图像、声音等多种感官信息，让用户产生身临其境的感觉。在虚拟环境中，用户仿佛置身于一个全新的世界，可以自由地探索和操作。这种沉浸感不仅增强了用户的参与感和体验度，还提高了学习的效果和效率。

交互性是虚拟现实技术的另一重要特点。它允许用户通过各种输入设备与虚拟环境进行实时交互，如手势、语音等。在虚拟环境中，用户可以自由地与虚拟物体和角色进行互动，如开门、搬动物品、与角色对话等。这种交互性使得虚拟现实技术能够为用户提供更加丰富、多样的体验方式，也为教育、娱乐等领域带来了更多的可能性。自主性是指虚拟环境中的物体和角色可以根据用户的操作和预设规则自主行动。这种自主性增强了用户的参与感和控制感，使得用户能够更加自由地探索虚拟世界。在虚拟环境中，用户可以通过自己的操作来改变物体的位置、形状和属性等参数，从而实现对虚拟世界的控制。同时，虚拟环境中的物体和角色也可以根据预设规则进行自主行动，如自动导航、避障等。这种自主性不仅提高了虚拟环境的真实感和可信度，还为用户提供了更加丰富的体验内容。

动态环境建模是虚拟现实技术的基础之一。它通过计算机图形学技术创建虚拟环境中的物体和角色模型，并通过动画制作、碰撞检测和光照渲染等技术实现物体的动态效果和真实感。在虚拟环境中，物体和角色的形态、材质和光影等细节都需要通过动态环境建模来实现。这种建模技术不仅提高了虚拟环境的真实感和可信度，还为用户提供了更加丰富的视觉体验。例如，在虚拟游戏中，通过动态环境建模可以创建出逼真的游戏场景和角色模型，让玩家能够享受到更加沉浸式的游戏体验。系统集成性是指将各种虚拟现实技术整合在一起形成一个完整的虚拟现实系统，包括硬件集成、软件集成和网络集成等方面。在虚拟现实系统中，各种硬件设备，如头盔显示器、数据手套等，需要相互协作才能实现用户的沉浸感和交互性；各种软件工具，如建模软件、渲染引擎等，也需要相互兼容才能创建出逼真的虚拟环境。因此，系统集成性是虚拟现实技术实现高效运行和广泛应用的重要保障。

（三）虚拟现实技术的应用与发展

随着科技的不断发展，虚拟现实技术在许多领域都获得了广泛应用并取得了显著的综合效益。虚拟现实技术在游戏、电影等领域的应用最为广泛。通过虚拟现实技术可以创建出逼真的游戏场景和角色模型，为玩家提供更加沉浸式的游戏体验；虚拟现实技术还可以用于电影制作中的特效制作和场景预览等环节。

虚拟现实技术在教育领域的应用也越来越广泛。通过虚拟现实技术可以创建出虚拟实验室、虚拟博物馆等场景，让学生能够在虚拟环境中进行实验操作和文化探索；虚拟现实技术还可以用于远程教育中的实时互动和场景模拟等环节。虚拟现实技术在医疗领域的应用也具有重要意义。通过虚拟现实技术可以模拟手术过程、解剖结构等场景，为医生提供更加直观、逼真的培训体验；虚拟现实技术还可以用于心理治疗中的场景模拟和情绪调节等环节。

虚拟现实技术在军事领域的应用同样具有深远影响。它不仅能为军事训练提供高度仿真的战场环境，还能显著提升士兵的作战技能和应对复杂战场情况的能力。通过虚拟现实技术，士兵可以在安全的环境中模拟各种作战场景，进行战术演练、武器操作、协同作战等训练，从而大大降低实际训练中的风险和成本。

二、虚拟现实技术在高职计算机类专业教学中的应用

随着信息技术的飞速发展，虚拟现实技术作为一种新兴的教学工具，正逐渐在高职计算机类专业教学中发挥重要作用。这一技术的应用不仅打破了传统教学模式的时空限制，还极大地提高了学生的实践能力和学习兴趣，为计算机类专业教育带来了革命性的变革。

（一）高职计算机类专业教学中虚拟现实技术的应用

高职计算机类专业教学中，实验环节是不可或缺的一部分。然而，由于实验设备昂贵、更新换代快以及场地限制等因素，传统实验室难以满足教学及学生需求。虚拟现实技术可以构建各种虚拟实验室，如计算机网络实验室、软件开发实验室等，使学生能够在虚拟环境中进行实验操作，降低实验成本，提高实验效率。例如，在计算机网络课程中，学生可以通过虚拟现实技术模拟网络拓扑结构、配置网络设备、进行网络攻防演练等，从而加深对网络原理和应用的理解。

计算机类专业注重学生的实践能力和项目经验。然而在实际教学中，由于项目周期长、资源有限等因素，学生往往难以获得足够的实践机会。虚拟现实技术可以模拟真实的项目场景和流程，让学生在虚拟环境中进行项目实践。例如，在软件开发课程中，学生可以通过虚拟现实技术模拟软件开发的全过程，包括需求分析、设计、编码、测试等环节，从而提高学生的软件开发能力和项目管理能力。

高职计算机类专业的学生需要了解行业动态和企业运营情况。然而，由于时间和资源的限制，学生往往难以亲临企业现场进行参观和实训。虚拟现实技术可以构建虚拟企业环境，让学生能够在虚拟环境中参观企业生产线、了解企业文化、参与企业运营等。这种虚拟参观和实训方式不仅节省了时间和成本，还提高了学生的职业素养和就业竞争力。

虚拟现实技术还可以应用于虚拟课堂和互动教学中。通过虚拟现实技术，教师可以创建逼真的课堂场景，与学生进行实时互动和交流。例如，在程序设计课程中，教师可以通过虚拟现实技术模拟编程环境，让学生能够在虚拟环境中编写代码、调试程序并观察运行结果。教师还可以利用虚拟现实技术实现远程教学和在线辅导，打破地域限制，提高教学效果。

（二）虚拟现实技术在高职计算机类专业教学中的优势

虚拟现实技术能够为学生提供更加直观、生动的学习体验，帮助学生更好地理解和掌握抽象的概念和知识。例如，在数据结构课程中，通过虚拟现实技术可以展示各种数据结构的动态变化过程，使学生更加清晰地理解数据结构的原理和应用。

虚拟现实技术能够模拟真实的实验和项目环境，让学生在虚拟环境中进行实践操作和项目实践。这种实践方式不仅降低了实验成本和时间成本，还提高了学生的实践能力和创新能力。例如，在网络安全课程中，学生可以通过虚拟现实技术模拟网络攻击和防御过程，提高网络安全防范意识和应对能力。

虚拟现实技术能够为学生提供沉浸式的学习体验，激发学生的学习兴趣和主动性。通过虚拟现实技术构建的虚拟世界充满了未知和挑战，能够激发学生的好奇心和探索欲。例如，在虚拟现实游戏开发课程中，学生可以通过虚拟现实技术设计并体验自己开发的游戏作品，从而增强学习动力和成就感。

（三）虚拟现实技术面临的挑战

虚拟现实技术在教育中的应用虽然带来了很多优势，但同时也面临着一些挑战：

首先，设备成本问题。虚拟现实头戴式设备和相关的硬件设备价格较高，对学校和学生来说可能是一个经济负担。解决这个问题的一种方案是推动虚拟现实技术设备的降价，促使更多学校和学生能够负担得起。

其次，内容开发的挑战。虚拟现实教育应用需要大量的内容支持，包括高质量的虚拟场景、教学资源和课程内容等。这对于教育机构和教育内容开发者来说是一个巨大的任务。解决这个问题的一种方案是加强多样化内容的研发和共享，促进教育内容的丰富和普及。

再则，技术推广和培训。由于虚拟现实技术在教育领域的应用相对较新，很多教师和学生对于这项技术还不够了解和熟悉。因此，提供必要的培训和支持是至关重要的。解决这个问题的一个方案是加强教育界和科技界的合作，推动虚拟现实技术在教育中的进一步普及和应用。

最后，还需要考虑到对虚拟现实技术的正确使用和管理。虚拟现实技术可以提供身临其境的学习体验，但同时可能对学生的身心健康产生影响。因此，学校需要制定相关的教育政策和学生保护措施，确保虚拟现实技术在教育教学中的健康和安全使用。

第五节　翻转课堂与微课教学的尝试

一、翻转课堂与微课教学的定义与特点

在当今的教育领域，随着信息技术的飞速发展，传统的教学模式正经历着深刻的变革。翻转课堂和微课教学作为两种新兴的教学模式，正逐渐成为教育改革的热点。

（一）翻转课堂的定义与特点

1. 定义

翻转课堂，又称颠倒课堂，是一种重新调整课堂内外时间，将学习的决定权从教师转移给学生的教学模式。在这种模式下，学生需要在课前通过观看视频讲座、听播客、阅读电子书等方式完成自主学习，而在课堂上，

教师则更多地扮演引导者和辅导者的角色，与学生共同讨论、解决问题，深化对知识的理解和应用。

2. 特点

翻转课堂彻底颠覆了传统教学中“先教后学”的模式，转变为“先学后教”。这种转变使得学生在课前就已经掌握了基础知识，课堂上则更多地用于知识的内化和应用，提高了学习效率。翻转课堂强调学生的自主学习能力，鼓励学生利用互联网等信息技术手段进行自主学习。这种模式不仅培养了学生的独立思考能力，还激发了他们的学习兴趣和动力。

在课堂上，教师不再是单纯的知识传授者，而是与学生共同讨论、解决问题的伙伴。这种互动式教学有助于增进师生之间的了解和信任，提高教学效果。翻转课堂允许学生根据自己的学习进度和需求进行个性化学习。学生可以在课前自主选择学习材料和学习方式，而在课堂上则可以根据自己的疑惑和问题向教师寻求帮助。

（二）微课教学的定义与特点

1. 定义

微课，是以视频为主要载体，记录教师在课堂教育教学过程中围绕某个知识点或教学环节而开展的教与学活动全过程。微课具有时间短、内容精、针对性强等特点，是适应信息化时代需求的一种新型教学资源。

2. 特点

教学时间短：微课的教学时间通常较短，一般控制在5—25分钟之间。这种短小的视频形式有利于学生集中注意力，提高学习效率。

内容精练：微课的内容通常围绕一个知识点或教学环节展开，主题突出，内容精炼。这种针对性的教学方式有助于学生快速掌握核心知识。

资源组成情景化：微课的资源组成情景化，包括教学设计、多媒体素材、课件、教学反思和学生反馈等多个方面。这些资源共同构成了一个完整的教学情境，有助于学生在真实的情境中学习和应用知识。

交互性强：微课通常支持在线播放和回看功能，学生可以随时随地进行学习。微课还提供了互动环节，如在线测试、提问等，有助于增强学生的学习体验和参与度。

应用广泛：微课不仅适用于课堂教学，还可以广泛应用于在线教育、远程教育等领域。它打破了时间和空间的限制，使得学习变得更加灵活和便捷。

（三）翻转课堂与微课教学的融合应用

翻转课堂和微课教学在教学模式上各有千秋，但也存在一定的局限性。翻转课堂虽然强调了学生的自主学习和个性化学习，但对学生自我管理能力的要求较高；而微课教学虽然内容精练、针对性强，但缺乏系统性和连贯性。因此，将两者结合起来，可以充分发挥各自的优势，实现优势互补。在实际教学中，教师可以将微课作为翻转课堂的重要组成部分。教师在课前制作并发布微课视频，供学生自主学习。这些视频可以针对某个知识点或教学环节进行详细讲解和演示，帮助学生掌握基础知识。在课堂上，教师可以利用翻转课堂的模式，组织学生进行小组讨论、案例分析等活动，深化对知识的理解和应用，还可以根据学生的反馈和疑问进行有针对性的辅导和解答。

为了评估翻转课堂与微课教学的融合应用效果，可以采用多种评估方式相结合的方法。例如，可以通过在线测试、作业完成情况等方式评估学生对知识点的掌握程度；通过课堂参与度、小组讨论表现等方式评估学生的自主学习能力和团队协作能力；通过问卷调查、访谈等方式收集教师和学生的反馈意见，了解教学模式的优缺点和改进方向。

二、翻转课堂与微课教学在高职计算机类专业中的尝试

在高职计算机类专业教学中，翻转课堂与微课教学作为两种新兴的教

学模式，正逐步展现出其独特的优势和潜力。这两种模式不仅顺应了信息技术快速发展的趋势，还满足了高职学生对个性化、高效化学习的需求。

（一）翻转课堂与微课教学在高职计算机类专业中的应用

1. 翻转课堂的应用实践

教师提前录制好教学视频，并上传到学习平台或社交媒体上，供学生下载观看。视频内容涵盖课程的基础知识、重点难点以及实践操作等内容。学生可以根据自己的学习进度和需求进行自主学习，遇到不懂的问题可以随时记录下来，以便在课堂上向教师请教。在课堂上，教师不再进行大量的知识讲解，而是组织学生进行小组讨论、实践操作和答疑解惑。学生可以将自己在课前学习中遇到的问题和疑惑提出来，与教师和其他同学共同探讨解决。这种互动讨论不仅有助于学生深入理解知识，还能培养他们的团队协作能力和沟通能力。

课后，学生可以通过观看教学视频的回放、完成课后作业和参加线上测试等方式进行知识的巩固和提升。教师还可以根据学生的学习情况给予个性化的指导和建议，帮助他们更好地掌握计算机知识和技能。

2. 微课教学的应用实践

针对计算机类课程中的重难点知识点，教师可以制作微课视频进行精讲。视频内容简洁、直观易懂，能够帮助学生快速掌握核心知识。微课视频还可以反复观看和暂停播放，方便学生随时随地进行学习。

对于计算机类课程中的实践操作部分，教师可以通过录制微课视频进行演示。视频中展示了操作步骤、技巧和注意事项等内容，学生可以通过观看视频进行模仿和实践。这种方式不仅提高了学生的实践操作能力，还减轻了教师在课堂上的教学负担。

微课教学还为学生提供了丰富的个性化学习资源。学生可以根据自己的学习兴趣和需求选择适合自己的微课视频进行学习。教师还可以根据学生的学习情况和反馈意见不断优化和完善微课资源，提高教学效果。

（二）翻转课堂与微课教学在高职计算机类专业中的教学效果

翻转课堂和微课教学通过创新的教学模式和丰富的教学资源，激发了学生的学习兴趣和积极性。学生不再被动地接受知识灌输，而是主动参与到学习中来，通过自主学习和互动讨论等方式加深对知识的理解和掌握。

翻转课堂和微课教学提升了学生的自主学习能力和团队协作能力。在课前自主学习阶段，学生需要自主安排学习时间和进度，掌握基础知识；在课堂上互动讨论阶段，学生需要与同学和教师进行交流和合作，共同解决问题。

翻转课堂和微课教学通过优化教学流程和提高教学资源利用率，提高了教学效率和质量。教师在课堂上不再需要进行大量的知识讲解和演示工作，而是将更多的时间和精力用于解答学生的疑惑和引导学生进行实践操作。

（三）未来发展方向与建议

为了更好地推广和应用翻转课堂与微课教学模式，需要加强教师的培训和技术支持。教师可以通过参加相关培训和学习交流活动等方式不断提高自己的教学水平和技能水平；学校和教育部门也应为教师提供必要的技术支持和资源保障。

随着信息技术的不断发展和普及，信息技术与教育教学的深度融合已成为必然趋势。翻转课堂与微课教学作为信息技术与教育教学深度融合的重要体现形式之一，将在未来得到更加广泛的应用和推广。因此，教育者需要不断推动信息技术与教育教学的深度融合工作，为学生的学习和发展提供更加优质的教育资源与服务。

在高职计算机类专业中，理论知识与实践操作紧密相连，不可分割。翻转课堂与微课教学应更加注重实践与应用环节的设计与实施。教师可以设计一系列基于实际项目或案例的学习任务，让学生在完成任务的过程中，将所学知识应用于解决实际问题中。这不仅能加深学生对知识的理解和记忆，还能培养他们的实践能力和创新思维。

翻转课堂与微课教学为教师提供了更多创新的空间和可能性。教师应勇于尝试新的教学方法和内容，如引入游戏化学习、项目式学习、混合式学习等模式，使课堂更加生动有趣，激发学生的学习兴趣和动力。教师还应关注行业动态和技术发展趋势，及时更新教学内容，确保学生所学知识与市场需求保持同步。

为了促进学生之间的交流与合作，可以建立学习社群和资源共享平台。在这个平台上，学生可以分享自己的学习心得、经验和资源，与其他同学进行互动和讨论。教师也可以利用这个平台发布教学通知、作业和答案解析等信息，方便学生随时查看和下载。此外，学校还可以邀请行业专家和企业代表参与平台的建设和运营，为学生提供更多的实践机会和就业指导。

每个学生都有自己独特的学习方式和兴趣点。翻转课堂与微课教学应注重学生个性化发展的需求，提供多样化的学习路径和资源选择。教师可以通过观察学生的学习行为和表现，了解他们的学习特点和需求，然后为他们量身定制个性化的学习计划和指导方案。这样既能满足学生的个性化需求，又能提高教学效果和学习质量。

参考文献

[1] 袁春华，王洁松 . 高职计算机应用实验教程与习题 [M]. 成都：电子科技大学出版社，2018.

[2] 武万军，陈妍斌 . 高职高专计算机系列教材 WPS 办公应用入门教程 [M]. 重庆：重庆大学出版社，2023.

[3] 马建普，顾显明，刘庆祥 . 计算机应用基础：中高职 [M]. 上海：上海交通大学出版社，2019.

[4] 黄莺，侯小俊，陆芳珍 . 高职学生专利与计算机软件著作权申报 [M]. 成都：西南交通大学出版社，2021.

[5] 刘国纪 . 最新高职考试计算机专业应试指南 2018[M]. 重庆：重庆大学出版社，2017.

[6] 朱长元，钱晓雯 . 高职高专文化基础类规划教材：计算机应用基础 [M]. 苏州：苏州大学出版社，2017.

[7] 李毅 . 高职高专计算机信息技术基础 [M]. 兰州：甘肃人民出版社，2011.

[8] 陈海斌 . 高职考计算机类专业综合训练 [M]. 成都：电子科技大学出版社，2013.

[9] 苏雪，程新丽 . 全国高职高专专业英语“十二五”规划教材：计算机英语 [M]. 武汉：华中科技大学出版社，2013.

[10] 陈桂生，张哲 .“十二五”高职高专计算机类专业规划教材：Java 程序设计 [M]. 郑州：河南科学技术出版社，2011.

[11] 施炜，朱云峰 . 高职计算机应用教程 [M]. 成都：电子科技大学出版社，2018.

[12] 王雪松 . 高职计算机基础项目教程 [M]. 武汉：武汉理工大学出版社，2018.

[13] 李鑫 . 高职计算机专业教学改革与实践研究 [M]. 北京：北京工业大学出版社，2019.

[14] 张华斌，安迪，陈建树 . 高职计算机课程教学改革研究 [M]. 石家庄：河北人民出版社，2019.

[15] 练永华，徐向丽，孙影 . 高职计算机应用基础 [M]. 天津：南开大学出版社，2016.

[16] 卜旭，何丽 . 案例教学法在高职计算机专业教学中的应用研究 [J]. 赢未来，2021（30）：190-192.